リピート＆チャージ化学基礎ドリル

物質の構成／物質と化学結合

本書の特徴と使い方

本書は，化学基礎の基本となる内容をつまずくことなく学習できるようにまとめた書き込み式のドリル教材です。

▶1項目につき1見開きでまとまっており，計画的に学習を進めることができます。

▶『Check』(ない項目もあります)→『例』→『類題』で構成しており，各項目について段階的に繰り返し学習し，内容の定着をはかります。

▶ページの下端には，学習内容の理解を助けるためのアドバイスを載せております。

- **最低限おさえておくべき基本事項**
- **考え方のポイントや覚えておくと便利な豆知識**
- **計算や知識を理解するうえでの注意点**

▶巻末に「基本用語の確認」と「周期表ドリル」を掲載しました。「基本用語の確認」は，本書で扱った基本用語を一問一答形式でまとめたものです。本冊では用語を記入できるようにしていますが，別冊解答では赤字で答えが記載されていますので，赤シートなどをかぶせて何度も復習して定着させましょう。
「周期表ドリル」は，周期表中の虫食い部分をうめていくスタイルです。周期表は，化学を学んでいくうえで欠かせない事項なので，くり返して定着させましょう。

目次

中学の復習

1 右の図は，物質の状態を模式的に表したものである。A～F は，加熱または冷却のどちらを表しているか書きなさい。

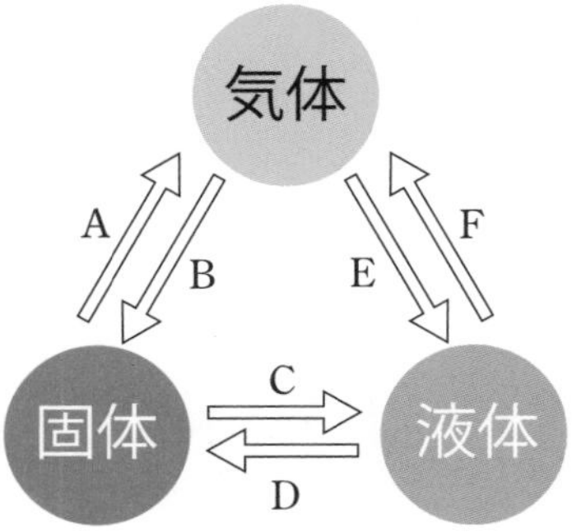

A.　　　　B.

C.　　　　D.

E.　　　　F.

2 右の A～C の図は，物質の状態を粒子モデルで表したものである。それぞれ気体，液体，固体のどの状態を表しているか書きなさい。

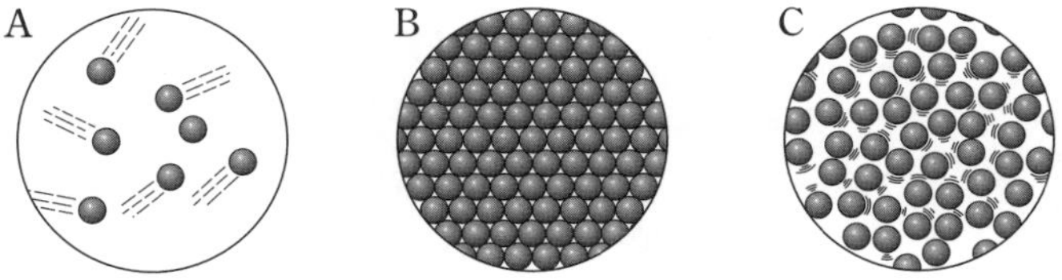

A.　　　　B.　　　　C.

3 次の温度や現象，物質などを何というか書きなさい。

(1) 純粋な物質が加熱されて，固体から液体に変化する温度

(2) 純粋な物質が加熱されて沸騰し，液体から気体に変化する温度

(3) 液体が表面から気体に変化する現象

(4) 固体が液体に変化する現象

(5) 液体が表面から気体になるだけでなく，内部からも気体に変化する現象

(6) 物質が液体に溶ける現象

(7) 物質が液体に溶けて均一になっている液体のこと

(8) 液体に溶けている物質のこと

(9) 溶質を溶かしている液体のこと

 ☑ 固体から直接気体になる変化を昇華という。

4 次の原子の記号（元素記号）を書きなさい。

(1) 水素

(2) 炭素

(3) 窒素

(4) 酸素

(5) 硫黄

(6) 塩素

(7) ナトリウム

(8) マグネシウム

(9) アルミニウム

(10) カリウム

(11) カルシウム

(12) 鉄

5 次のイオンの化学式を書きなさい。

(1) 水素イオン

(2) ナトリウムイオン

(3) アンモニウムイオン

(4) 銅イオン

(5) 亜鉛イオン

(6) カルシウムイオン

(7) 塩化物イオン

(8) 水酸化物イオン

(9) 硝酸イオン

(10) 炭酸イオン

(11) 硫酸イオン

6 次の化学反応を化学反応式で表しなさい。

(1) 銅と酸素が反応して，酸化銅になる。

(2) 炭素が燃焼して，二酸化炭素となる。

(3) 酸化銅が炭素と反応して，銅と二酸化炭素になる。

(4) 塩酸（塩化水素）と水酸化ナトリウムが反応すると，塩化ナトリウムと水ができる。

☑ 化学反応の前後で，物質の総質量は変化しない（質量保存の法則）。

1 物質の探究(1)

Check!

- □ **純物質《じゅんぶっしつ》**…1種類の物質だけからなるもの。 **例** 酸素，窒素，二酸化炭素，塩化ナトリウム
  融点や沸点，密度はそれぞれの物質で決まっていて，一定である。
- □ **混合物《こんごうぶつ》**…2種類以上の物質が混じり合ったもの。身のまわりの多くの物質は混合物である。
  例 空気，海水，石油，水道水
- □ **ろ過《か》**…液体と，溶けずに混じっている固体を，ろ紙を用いて分離する操作。
- □ **再結晶《さいけっしょう》**…温度による溶解度の違いを利用して，純度の高い結晶を得る操作。
- □ **蒸留《じょうりゅう》**…溶液を加熱し，発生した蒸気を冷却して，蒸発しやすい成分を取り出す操作。
- □ **抽出《ちゅうしゅつ》**…物質の溶媒への溶けやすさの違いを利用して，目的の物質を溶媒に溶かし出す操作。
- □ **昇《しょう》華《か》**…固体から直接気体に変化する性質を利用して，物質を分ける操作。
- □ **クロマトグラフィー**…物質の吸着力の違いを利用して，物質を分離する操作。

1 次の物質について，混合物にはA，純物質にはBを書いて分類しなさい。

(1) 塩化ナトリウム ＿＿＿＿＿

(2) 石油 ＿＿＿＿＿

(3) 鉄 ＿＿＿＿＿

(4) 空気 ＿＿＿＿＿

(5) ダイヤモンド ＿＿＿＿＿

(6) 炭酸水素ナトリウム ＿＿＿＿＿

(7) 塩酸 ＿＿＿＿＿

(8) 水道水 ＿＿＿＿＿

(9) 窒素 ＿＿＿＿＿

(10) アルミニウム ＿＿＿＿＿

(11) 海水 ＿＿＿＿＿

(12) 塩化マグネシウム ＿＿＿＿＿

(13) 酸素 ＿＿＿＿＿

2 次のような操作を何というか書きなさい。

(1) 食塩水と砂が混じり合った混合物を，ろ紙を用いて食塩水と砂に分離する。 ＿＿＿＿＿

(2) 海水を加熱し，生じた水蒸気を冷却して水を得る。 ＿＿＿＿＿

(3) お茶の葉に湯を加え，湯に溶け出た成分を取り出す。 ＿＿＿＿＿

(4) 不純物が少量混じった塩化ナトリウムを熱水に溶かして冷却し，食塩の結晶を得る。 ＿＿＿＿＿

(5) 不純物が混じったヨウ素を加熱して，ヨウ素のみを取り出す。 ＿＿＿＿＿

(6) 黒いインクの中に含まれるさまざまな色の成分を分離して取り出す。 ＿＿＿＿＿

☑ 沸点の差を利用して，物質を各成分に分けることを，分留(分別蒸留)という。

3　右の図は，溶けない固体を含んだ溶液を，固体と液体に分離する操作を示したものである。この操作の名称とA，Bの器具の名称を書きなさい。

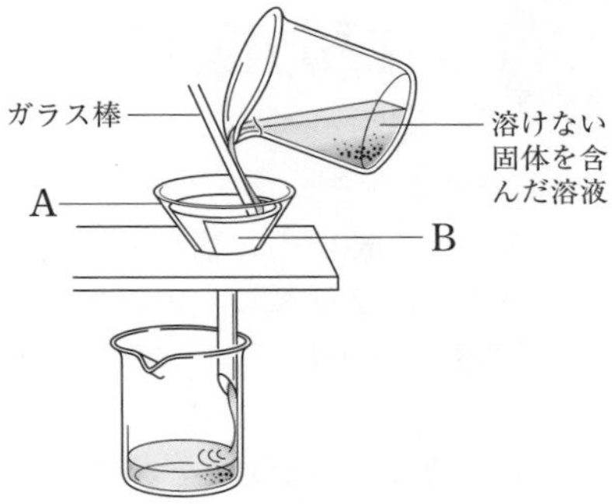

操作の名称 ＿＿＿＿＿＿＿＿

A. ＿＿＿＿＿＿＿＿

B. ＿＿＿＿＿＿＿＿

4　次の図は，食塩水から純粋な水を取り出す操作のようすを表したものである。この操作の名称とA～Eの器具の名称を書きなさい。また，水は(ア)と(イ)のどちらから流すのが適当か書きなさい。

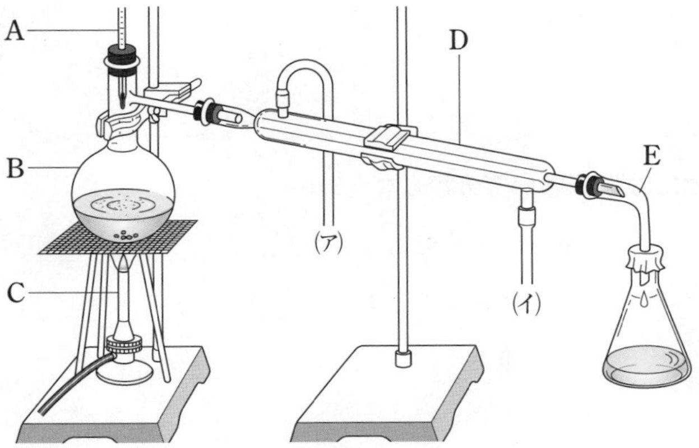

操作の名称 ＿＿＿＿＿＿＿＿

A. ＿＿＿＿＿＿＿＿

B. ＿＿＿＿＿＿＿＿

C. ＿＿＿＿＿＿＿＿

D. ＿＿＿＿＿＿＿＿

E. ＿＿＿＿＿＿＿＿

水を流す向き ＿＿＿＿＿＿＿＿

5　不純物の入ったヨウ素からヨウ素だけを取り出したい。次の問いに答えなさい。

(1)　ヨウ素を取り出す方法として適切なものを次の図の(ア)～(エ)から選びなさい。

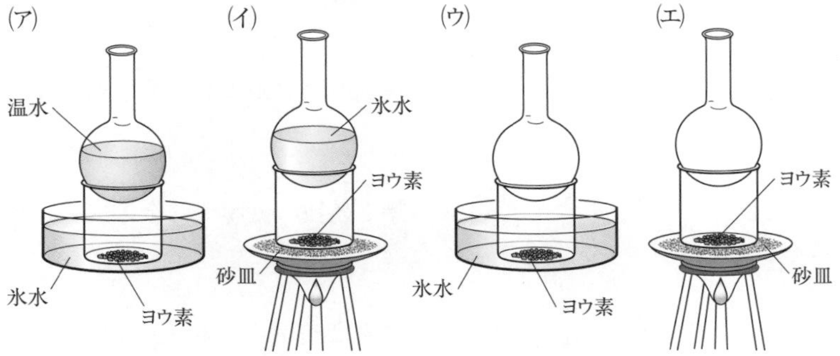

＿＿＿＿＿＿＿＿

(2)　(1)の方法を何というか書きなさい。

＿＿＿＿＿＿＿＿

(3)　次の物質のうち，(1)と同じ方法で不純物の入った物質を分離できるものはどれか書きなさい。
塩化ナトリウム，ナフタレン，鉄，炭酸カルシウム

＿＿＿＿＿＿＿＿

蒸留の操作では，枝分かれの部分に温度計の球部が位置するように設置する。

2 物質の探究(2)

Check!

- □ **単体**《たんたい》…1 種類の元素からできている物質。
- □ **化合物**《かごうぶつ》…2 種類以上の元素からできている物質。
- □ **同素体**《どうそたい》…同じ元素の単体で，性質の異なる物質どうしのこと。
- □ **炎色反応**《えんしょくはんのう》…化合物を炎に入れると，特有の色を発する反応。

  リチウム：赤　　カルシウム：橙赤
  銅：青緑　　ストロンチウム：深赤(紅)
  ナトリウム：黄　　バリウム：黄緑
  カリウム：赤紫

- □ **固体**《こたい》…粒子の位置が一定で，細かく振動している状態。
- □ **液体**《えきたい》…粒子が運動していて位置が変わる状態。
- □ **気体**《きたい》…すべての粒子が自由に動く状態。

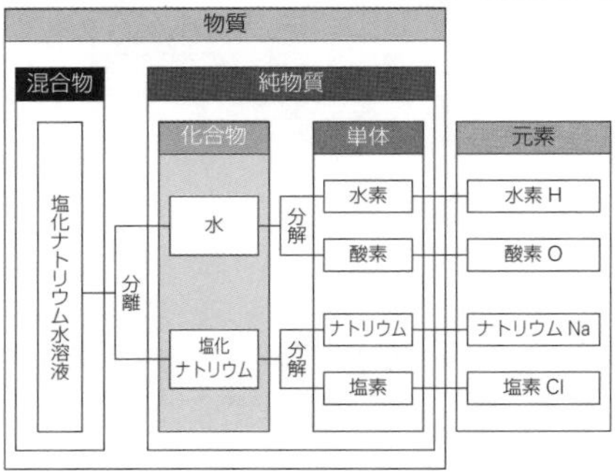

1 次の物質について，単体には A，化合物には B を書いて分類しなさい。

(1) 塩化ナトリウム

(2) ナトリウム

(3) 塩化カルシウム

(4) 酸素

(5) 硫酸

(6) 二酸化炭素

(7) 酸化アルミニウム

(8) 銀

(9) 水素

(10) 水

2 次の記述の下線部は，元素と単体のどちらの意味で用いられているか書きなさい。

(1) 酸素は，無色・無臭の気体である。

(2) 水は，酸素と水素からできている。

(3) 水素は，最も軽い気体である。

(4) 鉄は，磁石に引き寄せられる性質がある。

(5) 健康のために，鉄を多く食事からとるようにしなさい。

(6) 骨にはカルシウムが含まれている。

(7) 空気中にアルゴンが約 1 %存在している。

(8) 陸上競技の優勝者に金のメダルが与えられた。

(9) 窒素は空気中の約 80 %を占め，反応性が低い無色の気体である。

✓ 2つ以上の元素記号で表される物質は，化合物である。

3 次の物質と同素体の関係にあるものを，右の物質群から選んで書きなさい。

(1) 単斜硫黄 ＿＿＿＿＿＿＿＿

(2) ダイヤモンド ＿＿＿＿＿＿＿＿

(3) 黄リン ＿＿＿＿＿＿＿＿

(4) オゾン ＿＿＿＿＿＿＿＿

＜物質群＞
黒鉛
赤リン
ゴム状硫黄
酸素
二酸化炭素

4 次の元素を含む物質を炎に入れると，何色を示すか書きなさい。

(1) ナトリウム ＿＿＿＿＿＿＿＿

(2) 銅 ＿＿＿＿＿＿＿＿

(3) カリウム ＿＿＿＿＿＿＿＿

(4) リチウム ＿＿＿＿＿＿＿＿

(5) カルシウム ＿＿＿＿＿＿＿＿

(6) バリウム ＿＿＿＿＿＿＿＿

(7) ストロンチウム ＿＿＿＿＿＿＿＿

5 次の図は，物質の状態変化を表している。(1)～(5)にあてはまる状態変化の名称を書きなさい。

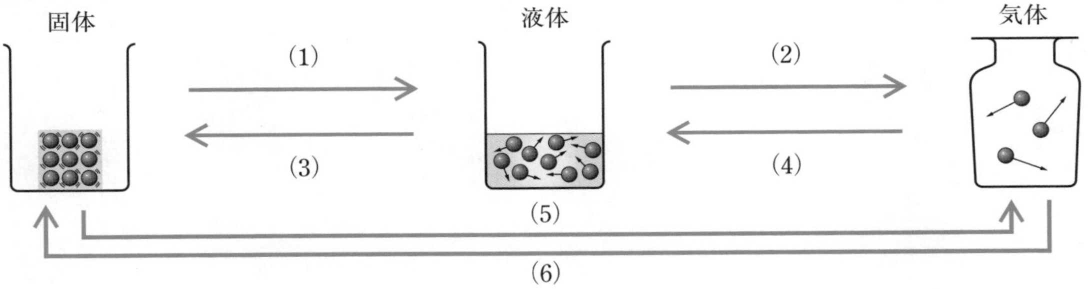

(1) ＿＿＿＿＿＿＿＿ (2) ＿＿＿＿＿＿＿＿ (3) ＿＿＿＿＿＿＿＿

(4) ＿＿＿＿＿＿＿＿ (5) ＿＿＿＿＿＿＿＿ (6) ＿＿＿＿＿＿＿＿

6 右の図は，固体の物質を一様に加熱したときの時間と温度の関係を示したものである。次の問いに答えなさい。

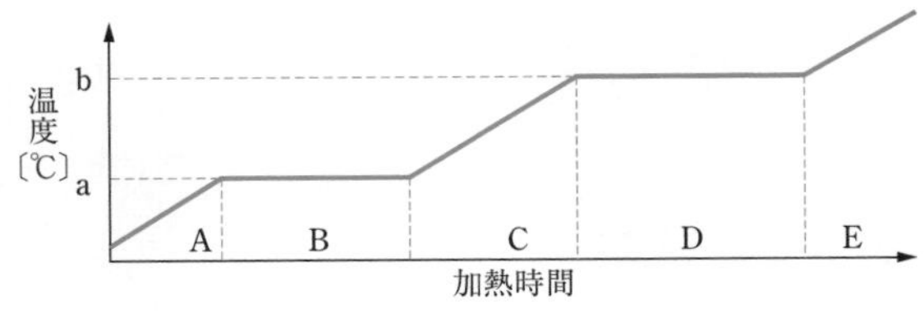

(1) a，b の温度をそれぞれ何というか書きなさい。

a. ＿＿＿＿＿＿＿＿ b. ＿＿＿＿＿＿＿＿

(2) 次の状態を示す区間はどこか。図の A～E の中から選びなさい。

① すべて固体の状態 ＿＿＿＿＿＿＿＿

② すべて液体の状態 ＿＿＿＿＿＿＿＿

③ すべて気体の状態 ＿＿＿＿＿＿＿＿

④ 固体と液体が共存している状態 ＿＿＿＿＿＿＿＿

⑤ 液体と気体が共存している状態 ＿＿＿＿＿＿＿＿

物質の状態は，温度のほかに，圧力によっても変わる。

3 元素と元素記号

Check!

□ **元素《げんそ》**…物質を構成する基本成分のこと。現在約 120 種類が知られている。
　物質はいくつかの元素の組み合わせでできている。

□ **元素記号《げんそきごう》**…元素をアルファベット 2 文字以内で表した記号。

1 次の元素の元素記号を書きなさい。

(1) 水素

(2) ヘリウム

(3) リチウム

(4) ベリリウム

(5) ホウ素

(6) 炭素

(7) 窒素

(8) 酸素

(9) フッ素

(10) ネオン

(11) ナトリウム

(12) マグネシウム

(13) アルミニウム

(14) ケイ素

(15) リン

(16) 硫黄

(17) 塩素

(18) アルゴン

(19) カリウム

(20) カルシウム

(21) クロム

(22) マンガン

(23) 鉄

(24) ニッケル

(25) 銅

(26) 亜鉛

(27) 臭素

(28) 銀

(29) スズ

(30) ヨウ素

(31) 白金

(32) 金

(33) 水銀

(34) 鉛

(35) ウラン

元素には，人工的につくられたものも存在する。

2 次の元素記号の元素名を書きなさい。

(1) H

(2) He

(3) Li

(4) Be

(5) B

(6) C

(7) N

(8) O

(9) F

(10) Ne

(11) Na

(12) Mg

(13) Al

(14) Si

(15) P

(16) S

(17) Cl

(18) Ar

(19) K

(20) Ca

(21) Cr

(22) Mn

(23) Fe

(24) Ni

(25) Cu

(26) Zn

(27) Br

(28) Ag

(29) Sn

(30) I

(31) Pt

(32) Au

(33) Hg

(34) Pb

(35) U

(36)※ Kr

(37)※ Rb

(38)※ Sr

(39)※ Cd

(40)※ Xe

※は，やや難しい元素記号

宇宙を構成する元素で最も多いものは，水素である。

4 原子の構造と電子配置

Check!

- □ 原子《げんし》 ― □ 原子核《げんしかく》 ― □ 陽子《ようし》…正の電荷をもつ
  - □ 中性子《ちゅうせいし》…電荷をもたない
  - □ 電子《でんし》…負の電荷をもつ
- □ 原子番号《げんしばんごう》…原子の番号(＝陽子の数＝電子の数)
- □ 質量数《しつりょうすう》…原子の質量(＝陽子の数＋中性子の数)
- □ 同位体《どういたい》…原子番号が同じで質量数が異なる(中性子の数が異なる)原子どうしのことを，互いに同位体(アイソトープ)という。

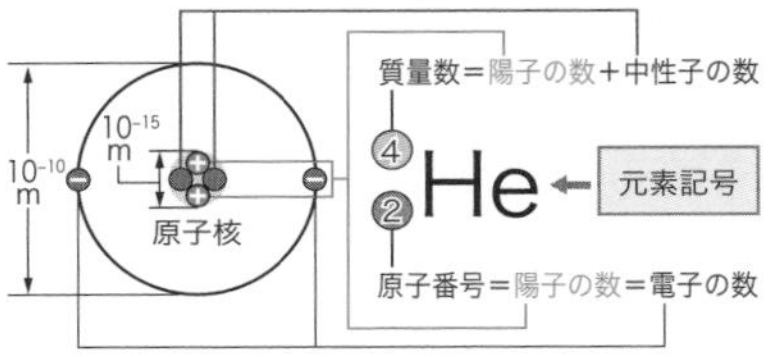

ヘリウム原子の模式図

- □ 電子配置《でんしはいち》…各原子の電子がどのように電子殻に入っているかを表したもの。内側の電子殻から順番に電子が配置される。
- □ 価電子《かでんし》…最外殻の電子の数のこと。ただし，He，Ne，Ar など0になる。
- □ 周期表《しゅうきひょう》…元素を原子番号順に並べ，よく似た性質の元素が縦の列に並ぶように配列した表。

1 次の原子の原子番号，質量数，陽子の数，中性子の数，電子の数を書きなさい。

	原子番号	質量数	陽子の数	中性子の数	電子の数
例 $^{12}_{6}C$	6	12	6	6	6
$^{1}_{1}H$					
$^{2}_{1}H$					
$^{4}_{2}He$					
$^{13}_{6}C$					
$^{14}_{7}N$					
$^{20}_{10}Ne$					
$^{27}_{13}Al$					
$^{36}_{18}Ar$					
$^{40}_{18}Ar$					
$^{64}_{29}Cu$					
$^{238}_{92}U$					

F，Na，Al，P などのように，同位体が存在しない元素もある。

2 次の原子の電子配置を書きなさい。また，その原子の価電子の数を書きなさい。ただし，L～N 殻の電子配置が 0 の場合は空欄とし，価電子の数は 0 の場合でも 0 と書くこと。

	K 殻	L 殻	M 殻	N 殻	価電子の数
例 $_{1}\mathrm{H}$	1				1
$_{2}\mathrm{He}$					
$_{3}\mathrm{Li}$					
$_{4}\mathrm{Be}$					
$_{5}\mathrm{B}$					
$_{6}\mathrm{C}$					
$_{7}\mathrm{N}$					
$_{8}\mathrm{O}$					
$_{9}\mathrm{F}$					
$_{10}\mathrm{Ne}$					
$_{11}\mathrm{Na}$					
$_{12}\mathrm{Mg}$					
$_{13}\mathrm{Al}$					
$_{14}\mathrm{Si}$					
$_{15}\mathrm{P}$					
$_{16}\mathrm{S}$					
$_{17}\mathrm{Cl}$					
$_{18}\mathrm{Ar}$					
$_{19}\mathrm{K}$					
$_{20}\mathrm{Ca}$					

☑ カリウムやカルシウムでは，M 殻に配置される電子は 8 個で，残りは N 殻に配置される。

5 電子配置とイオン(1)

Check!

- □ **イオン**…電荷をもつ粒子。
- □ **陽《よう》イオン**…イオンのうちで，正の電荷をもつもの。
  価電子の数が1または2の原子は，電子を放出して，貴ガス原子と同じ電子配置の陽イオンになりやすい。
- □ **陰《いん》イオン**…イオンのうちで，負の電荷をもつもの。
  価電子の数が6または7の原子は，電子を受け取って，貴ガス原子と同じ電子配置の陰イオンになりやすい。
- □ 〈イオンの表し方〉…元素記号の右上に価数と正負の符号を書いて表す。(イオン式ということがある)。例　Mg^{2+}

1 次の原子が陽イオンになるときの反応式を，電子 e^- を用いて書きなさい。

例　水素 H→水素イオン H^+　　答　$H \longrightarrow H^+ + e^-$

(1) リチウム Li→リチウムイオン Li^+

(2) ナトリウム Na→ナトリウムイオン Na^+

(3) カリウム K→カリウムイオン K^+

(4) 銀 Ag→銀イオン Ag^+

(5) ベリリウム Be→ベリリウムイオン Be^{2+}

(6) マグネシウム Mg→マグネシウムイオン Mg^{2+}

(7) カルシウム Ca→カルシウムイオン Ca^{2+}

(8) バリウム Ba→バリウムイオン Ba^{2+}

2 次の原子が陰イオンになるときの反応式を，電子 e^- を用いて書きなさい。

例　フッ素 F→フッ化物イオン F^-　　答　$F + e^- \longrightarrow F^-$

(1) 塩素 Cl→塩化物イオン Cl^-

(2) 臭素 Br→臭化物イオン Br^-

(3) ヨウ素 I→ヨウ化物イオン I^-

(4) 酸素 O→酸化物イオン O^{2-}

(5) 硫黄 S→硫化物イオン S^{2-}

! イオンになる式は，Hから電子を引くのではないから，$H - e^- \longrightarrow H^+$ とは書かない。

3 次の元素の各原子について，単原子イオンになったときのイオン式と電子配置を図で示しなさい。また，比較のために18族の原子の電子配置も示しなさい。

族／周期	1	2	13	16	17	18
1						He 2+
2	例 Li Li^+ 3+	Be ＿＿＿ 4+		O ＿＿＿ 8+	F ＿＿＿ 9+	Ne 10+
3	Na ＿＿＿ 11+	Mg ＿＿＿ 12+	Al ＿＿＿ 13+	S ＿＿＿ 16+	Cl ＿＿＿ 17+	Ar 18+
4	K ＿＿＿ 19+	Ca ＿＿＿ 20+				

4 次の原子の電子配置と，その原子がイオンになったときの電子配置を示しなさい。

例 酸素O　答　K(2)L(6)
酸化物イオンO^{2-}　答　K(2)L(8)

(1) フッ素F
K(　　)L(　　)
フッ化物イオンF^-
K(　　)L(　　)

(2) ナトリウムNa
K(　　)L(　　)M(　　)
ナトリウムイオンNa^+
K(　　)L(　　)

(3) マグネシウムMg
K(　　)L(　　)M(　　)
マグネシウムイオンMg^{2+}
K(　　)L(　　)

(4) 硫黄S　K(　　)L(　　)M(　　)
硫化物イオンS^{2-}
K(　　)L(　　)M(　　)

(5) 塩素Cl　K(　　)L(　　)M(　　)
塩化物イオンCl^-
K(　　)L(　　)M(　　)

(6) カリウムK
K(　　)L(　　)M(　　)N(　　)
カリウムイオンK^+
K(　　)L(　　)M(　　)

(7) カルシウムCa
K(　　)L(　　)M(　　)N(　　)
カルシウムイオンCa^{2+}
K(　　)L(　　)M(　　)

貴ガスの電子配置は安定であるため，単原子イオンは貴ガスと同じ電子配置となる。

6 電子配置とイオン(2)

Check!

□ **陽《よう》イオン**…元素名＋イオン

複数の価数をもつ場合は，ローマ数字で価数を明示する。

例 Fe^{2+}：鉄(Ⅱ)イオン，Fe^{3+}：鉄(Ⅲ)イオン

□ **陰《いん》イオン**…元素名＋化物イオン

多原子イオンの場合は，「〜酸イオン」となる場合がある。

例 F^-：フッ化物イオン，$CO_3{}^{2-}$：炭酸イオン

1 次のイオンの名称(読み方)を書きなさい。

(1) Na^+ ＿＿＿＿＿＿＿＿

(2) H^+ ＿＿＿＿＿＿＿＿

(3) Al^{3+} ＿＿＿＿＿＿＿＿

(4) Ag^+ ＿＿＿＿＿＿＿＿

(5) Li^+ ＿＿＿＿＿＿＿＿

(6) Ba^{2+} ＿＿＿＿＿＿＿＿

(7) K^+ ＿＿＿＿＿＿＿＿

(8) Ca^{2+} ＿＿＿＿＿＿＿＿

(9) Zn^{2+} ＿＿＿＿＿＿＿＿

(10) Mg^{2+} ＿＿＿＿＿＿＿＿

(11) Cu^+ ＿＿＿＿＿＿＿＿

(12) Cu^{2+} ＿＿＿＿＿＿＿＿

(13) Pb^{2+} ＿＿＿＿＿＿＿＿

(14) Fe^{2+} ＿＿＿＿＿＿＿＿

(15) Fe^{3+} ＿＿＿＿＿＿＿＿

(16) $NH_4{}^+$ ＿＿＿＿＿＿＿＿

(17) Cl^- ＿＿＿＿＿＿＿＿

(18) F^- ＿＿＿＿＿＿＿＿

(19) S^{2-} ＿＿＿＿＿＿＿＿

(20) Br^- ＿＿＿＿＿＿＿＿

(21) O^{2-} ＿＿＿＿＿＿＿＿

(22) I^- ＿＿＿＿＿＿＿＿

(23) OH^- ＿＿＿＿＿＿＿＿

(24) $CO_3{}^{2-}$ ＿＿＿＿＿＿＿＿

(25) $HCO_3{}^-$ ＿＿＿＿＿＿＿＿

(26) $NO_3{}^-$ ＿＿＿＿＿＿＿＿

(27) $SO_4{}^{2-}$ ＿＿＿＿＿＿＿＿

(28) $PO_4{}^{3-}$ ＿＿＿＿＿＿＿＿

遷移元素は，複数の価数のイオンをつくることが多い。

2 次のイオンに適するイオン式を書きなさい。

(1) 銅(Ⅱ)イオン ＿＿＿＿

(2) ナトリウムイオン ＿＿＿＿

(3) 水素イオン ＿＿＿＿

(4) アルミニウムイオン ＿＿＿＿

(5) 銀イオン ＿＿＿＿

(6) リチウムイオン ＿＿＿＿

(7) カリウムイオン ＿＿＿＿

(8) 銅(Ⅰ)イオン ＿＿＿＿

(9) マグネシウムイオン ＿＿＿＿

(10) バリウムイオン ＿＿＿＿

(11) 鉄(Ⅱ)イオン ＿＿＿＿

(12) カルシウムイオン ＿＿＿＿

(13) 亜鉛イオン ＿＿＿＿

(14) 鉛(Ⅱ)イオン ＿＿＿＿

(15) 鉄(Ⅲ)イオン ＿＿＿＿

(16) アンモニウムイオン ＿＿＿＿

(17) 酸化物イオン ＿＿＿＿

(18) ヨウ化物イオン ＿＿＿＿

(19) フッ化物イオン ＿＿＿＿

(20) 臭化物イオン ＿＿＿＿

(21) 塩化物イオン ＿＿＿＿

(22) 硝酸イオン ＿＿＿＿

(23) 硫化物イオン ＿＿＿＿

(24) 水酸化物イオン ＿＿＿＿

(25) 硫酸イオン ＿＿＿＿

(26) リン酸イオン ＿＿＿＿

(27) 炭酸イオン ＿＿＿＿

(28) 炭酸水素イオン ＿＿＿＿

3 次のイオンの電子配置は，18 族のどの原子と同じ電子配置であるか。あてはまる 18 族の元素記号を書きなさい。

(1) Li^{+} ＿＿＿＿

(2) Be^{2+} ＿＿＿＿

(3) O^{2-} ＿＿＿＿

(4) F^{-} ＿＿＿＿

(5) Na^{+} ＿＿＿＿

(6) Mg^{2+} ＿＿＿＿

(7) Al^{3+} ＿＿＿＿

(8) S^{2-} ＿＿＿＿

(9) Cl^{-} ＿＿＿＿

(10) K^{+} ＿＿＿＿

(11) Ca^{2+} ＿＿＿＿

貴ガスは，希ガスともいわれ，反応性に乏《とぼ》しく安定である。

7 周期表

Check!

- □ **族《ぞく》**…周期表の縦の列。左から 1 族～18 族という。
- □ **周《しゅう》期《き》**…周期表の横の行。上から第 1 周期～第 7 周期という。
- □ **典型元素《てんけいげんそ》**…1，2 族と 13～18 族の元素。金属元素と非金属元素がある。
- □ **遷移元素《せんいげんそ》**…3～12 族の元素。すべて金属元素。価電子の数が周期的には変化せず，周期表でとなり合った元素が比較的似た性質を示す。
- □ **アルカリ金属《きんぞく》**…H を除く 1 族元素。
- □ **アルカリ土類金属《どるいきんぞく》**…2 族の元素。
- □ **ハロゲン**…17 族の元素。
- □ **貴《き》ガス(希ガス)**…18 族の元素。

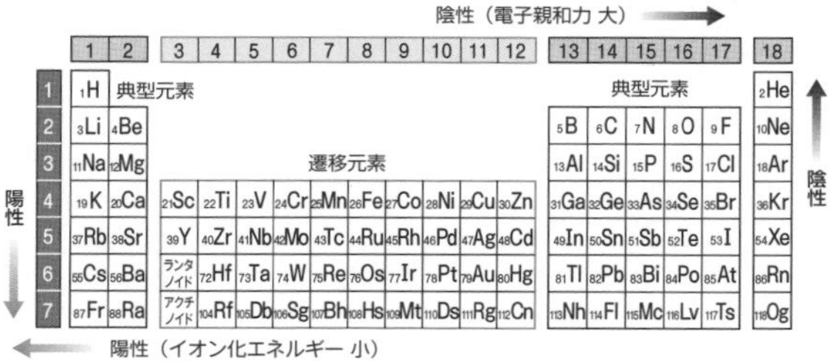

1 次に該当する周期表の場所をぬりなさい。

例　アルカリ金属

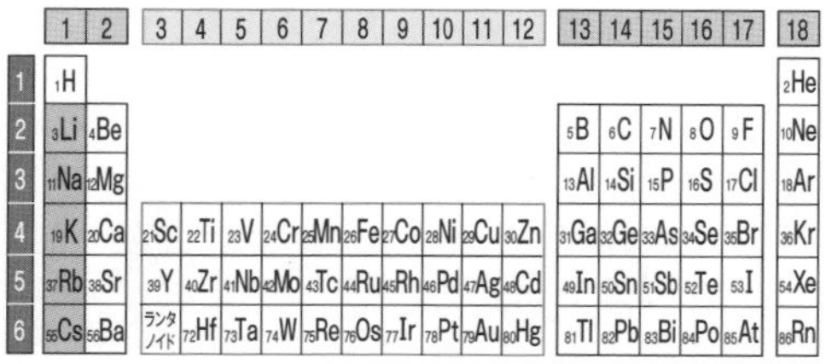

(1) 非金属元素

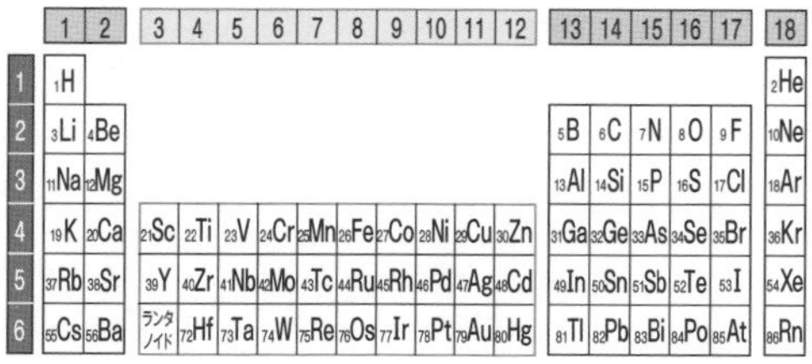

(2) 金属元素

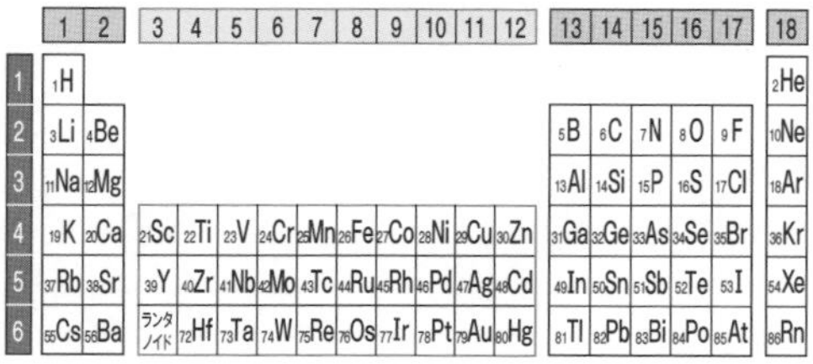

(3) アルカリ土類金属

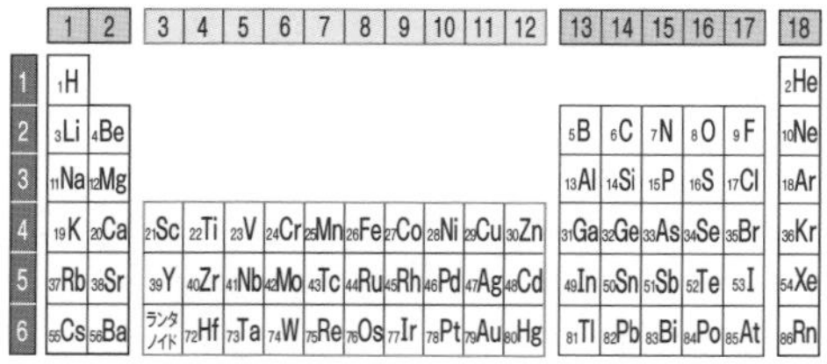

(4) ハロゲン

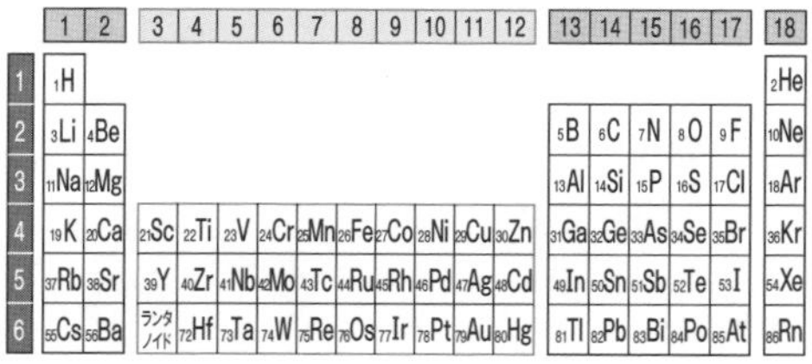

(5) 貴ガス

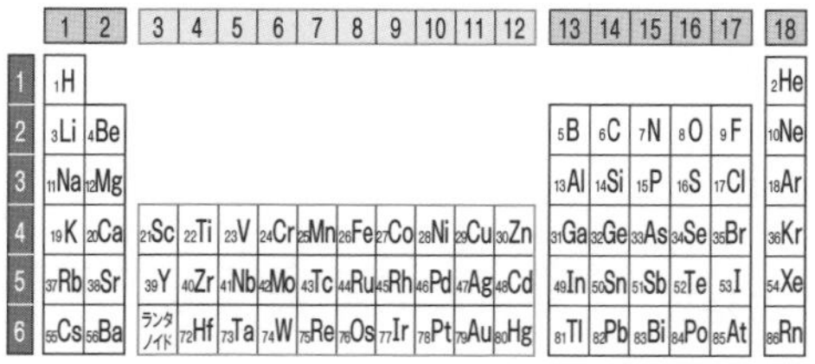

現在の形に近い周期表は，メンデレーエフ(ロシア，1834～1907 年)によって 1869 年につくられた。

2 次の周期表の空欄にあてはまる元素記号と元素名を書きなさい。

周期＼族	1	2	3	4	5	6	7	8	9	10	11	12	13	14	15	16	17	18
1																		
2																		
3																		
													アルミニウム	ケイ素	リン	硫黄	塩素	
4			Sc	Ti	V					Ni	Cu	Zn	Ga	Ge	As	Se	Br	
			スカンジウム	チタン	バナジウム	クロム	マンガン	鉄	コバルト				ガリウム	ゲルマニウム	ヒ素	セレン		
5	Rb	Sr	Y	Zr	Nb	Mo	Tc	Ru	Rh	Pd		Cd	In	Sn	Sb	Te	I	
			イットリウム	ジルコニウム	ニオブ	モリブデン	テクネチウム	ルテニウム	ロジウム	パラジウム	銀	カドミウム	インジウム		アンチモン	テルル		
6	Cs	Ba	La-Lu	Hf	Ta	W	Re	Os	Ir				Tl	Pb	Bi	Po	At	
			ランタノイド	ハフニウム	タンタル	タングステン	レニウム	オスミウム	イリジウム	白金	金	水銀	タリウム		ビスマス	ポロニウム	アスタチン	
7	Fr	Ra	Ac-Lr	Rf	Db	Sg	Bh	Hs	Mt	Ds	Rg	Cn	Nh	Fl	Mc	Lv	Ts	Og
	フランシウム	ラジウム	アクチノイド	ラザホージウム	ドブニウム	シーボーギウム	ボーリウム	ハッシウム	マイトネリウム	ダームスタチウム	レントゲニウム	コペルニシウム		フレロビウム	モスコビウム	リバモリウム	テネシン	オガネソン

☑ 周期表の左下にある元素ほど陽性が強く，右上(貴ガスを除く)にある元素ほど陰性が強い。

8 元素の周期律と周期表

1 次のグラフは，原子番号 1〜20 の元素の性質を示す数や量を表したものである。(1)，(2)に該当するものを右の(ア)〜(オ)の中から選び，記号で答えなさい。

(1)

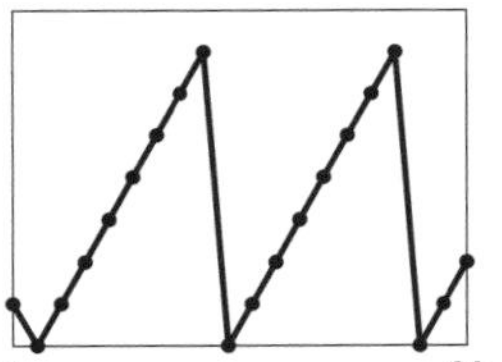

(2)

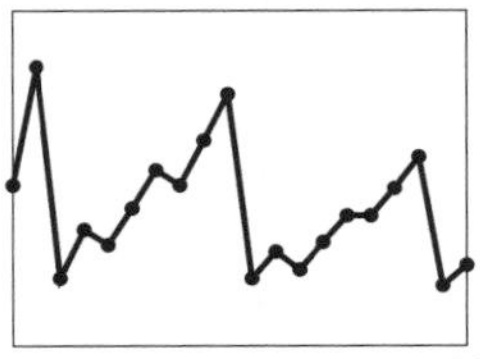

(ア) イオン化エネルギー
(イ) 価電子の数
(ウ) 最外殻電子の数
(エ) 電子親和力
(オ) 原子の半径

(1) ______ (2) ______

2 次の図は，原子の電子配置を示したものである。各原子の元素名と元素記号を書きなさい。

(1)
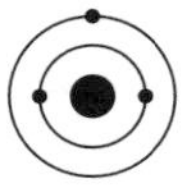

(2)
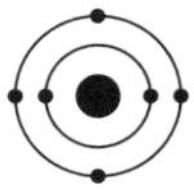

(3)
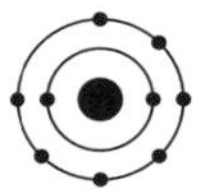

(4)
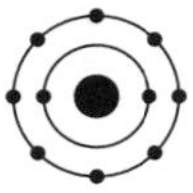

(5)
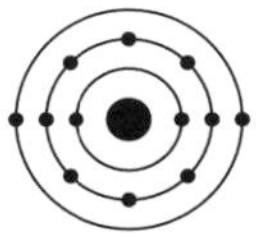

	元素名	元素記号
(1)		
(2)		
(3)		
(4)		
(5)		

3 次の周期表の空欄をうめなさい。

周期＼族	1	2	13	14	15	16	17	18
1	例 H 水素							
2								
3								
4								

 ☑ 各元素の性質は周期的に変化する。これを周期律という。

4 原子番号 1～20 番までの元素記号と電子配置を書きなさい。

族 / 周期	1	2	13	14	15	16	17	18
1	1+							2+
2	例 Li 3+	4+	5+	6+	7+	8+	9+	10+
3	11+	12+	13+	14+	15+	16+	17+	18+
4	19+	20+						

1つの電子殻の中では，電子●をかく位置はどこでもよい。

9 イオン結合とイオン結晶

☑ Check!

- □ **イオン結合《けつごう》**…陽イオンと陰イオンの静電気的な引力(クーロン力)による結合。
  イオン結合でできた物質(結晶)を**イオン結晶《けっしょう》**という。
- □ **組成式《そせいしき》**…イオンからなる物質は，陽イオンの正電荷と陰イオンの負電荷の総和が0(電気的に中性)になるように一定の数の比で結びついている。これは陽イオンと陰イオンの価数によって決まる。
  (陽イオンの価数)×(陽イオンの数)＝(陰イオンの価数)×(陰イオンの数)
  組成式の書き方・読み方…組成式は陽イオン，陰イオンの順に書く。
  読むときは陰イオン，陽イオンの順に読む。

1 イオンからなる次の物質の陽イオンと陰イオンの数の比と組成式を書きなさい。

例 $Na^+ : Cl^- = 1 : 1$　　NaCl

(1) $Na^+ : OH^- =$ ______

(2) $K^+ : Cl^- =$ ______

(3) $K^+ : Br^- =$ ______

(4) $Ag^+ : NO_3^- =$ ______

(5) $NH_4^+ : Cl^- =$ ______

(6) $Na^+ : HCO_3^- =$ ______

(7) $Ca^{2+} : O^{2-} =$ ______

(8) $Ca^{2+} : SO_4^{2-} =$ ______

(9) $Fe^{2+} : SO_4^{2-} =$ ______

(10) $Al^{3+} : PO_4^{3-} =$ ______

(11) $Mg^{2+} : Cl^- =$ ______

(12) $Ca^{2+} : Cl^- =$ ______

(13) $Cu^{2+} : OH^- =$ ______

(14) $Ca^{2+} : HCO_3^- =$ ______

(15) $K^+ : SO_4^{2-} =$ ______

(16) $Na^+ : CO_3^{2-} =$ ______

(17) $NH_4^+ : SO_4^{2-} =$ ______

(18) $Fe^{3+} : Cl^- =$ ______

(19) $Al^{3+} : OH^- =$ ______

(20) $Al^{3+} : SO_4^{2-} =$ ______

(21) $Ca^{2+} : PO_4^{3-} =$ ______

☑ 水素イオン H^+ は，水溶液中ではオキソニウムイオン H_3O^+ として存在している。

2 イオンからなる次の物質の名称を書きなさい。

(1) $NaCl$

(2) $NaOH$

(3) $MgCl_2$

(4) MgO

(5) $AgCl$

(6) $BaSO_4$

(7) ZnS

(8) PbS

(9) $Mg(OH)_2$

(10) K_2SO_4

(11) $NaNO_3$

(12) $CaCO_3$

(13) $AgNO_3$

(14) $NaHCO_3$

(15) $Al_2(SO_4)_3$

(16) $Ca(OH)_2$

(17) NH_4Cl

(18) $(NH_4)_2SO_4$

(19) $FeCl_2$

(20) $FeCl_3$

3 次の物質の組成式を書きなさい。

(1) 塩化ナトリウム

(2) 臭化銀

(3) 塩化カルシウム

(4) 水酸化カルシウム

(5) 水酸化銅（Ⅱ）

(6) 酸化マグネシウム

(7) 塩化アンモニウム

(8) 硫酸ナトリウム

(9) 硫酸バリウム

(10) 硫酸アルミニウム

(11) 塩化アルミニウム

(12) 硝酸ナトリウム

(13) 硝酸銀

(14) 炭酸ナトリウム

(15) 炭酸カルシウム

(16) 炭酸水素ナトリウム

(17) 硫酸アンモニウム

(18) リン酸ナトリウム

(19) リン酸アンモニウム

(20) フッ化カルシウム

イオン結晶は，融点や沸点が高いものが多い。

10 共有結合と分子(1)

Check!

- □ **共有結合《きょうゆうけつごう》**…原子が最外殻の電子を共有することでできる結合。
- □ **分子《ぶんし》**…いくつかの原子が共有結合で結びつき，ひとまとまりになった粒子。
- □ **分子式《ぶんししき》**…元素記号と原子数を用いて分子を表した化学式。
- □ **構造式《こうぞうしき》**…分子中の共有結合を線(価標《かひょう》という)で表した化学式。
- □ **原子価《げんしか》**…構造式で，1 個の原子から出ている線(価標)の数。原子がもつ不対電子の数に等しい。
- □ 電子式《でんししき》…元素記号のまわりに最外殻電子を点で表した化学式。
- □ **共有電子対《きょうゆうでんしつい》**…共有結合によって原子間につくられた電子対。
- □ **非共有電子対《ひきょうゆうでんしつい》**…はじめから電子対になっていて，原子間に共有されていない電子対。

1 次の非金属元素の原子について，電子式を書きなさい。

族 / 周期	1	14	15	16	17	18
1	例 水素 H・					ヘリウム
2		炭素	窒素	酸素	フッ素	ネオン
3		ケイ素	リン	硫黄	塩素	アルゴン

2 次の原子について，構造式中の原子を表し，原子価を答えなさい。

原子	例 水素	塩素	酸素	硫黄	窒素	炭素
構造式中の原子	H−					
原子価	1 価					

☑ 構造式は原子間の結合を線で表したもので，実際の分子の形とは異なることがある。

3 次の物質の電子式，構造式，共有電子対の数，非共有電子対の数，分子の形を書きなさい。

物質名	例 水素	水	アンモニア	メタン
分子式	H_2	H_2O	NH_3	CH_4
電子式	H:H			
構造式	H−H			
共有電子対の数	**1**			
非共有電子対の数	**0**			
分子の形	**直線** 形	形	形	形

物質名	二酸化炭素	窒素	アセチレン	塩化水素
分子式	CO_2	N_2	C_2H_2	HCl
電子式				
構造式				
共有電子対の数				
非共有電子対の数				
分子の形	形	形	形	形

☑ 2 個の原子が電子を 2 個，3 個ずつ出し合ってできた結合を，それぞれ「二重結合」，「三重結合」という。

11 共有結合と分子(2)

☑ Check!

- □ **配《はい》位《い》結《けつ》合《ごう》**…一方の原子が非共有電子対を提供してできる共有結合。
- □ **電《でん》気《き》陰《いん》性《せい》度《ど》**…共有結合している原子が共有電子対を引き寄せる強さを表した数値。
- □ **極《きょく》性《せい》**…電気陰性度の大きい原子に，共有電子対が引き寄せられて生じる電荷の偏《かたよ》り。
- □ **無《む》極《きょく》性《せい》分《ぶん》子《し》**…結合に極性がないか，極性があっても全体としては偏りのない分子。
- □ **極《きょく》性《せい》分《ぶん》子《し》**…結合に極性があり，分子全体として電荷の偏りをもつ分子。
- □ **分《ぶん》子《し》間《かん》力《りょく》**…分子間にはたらく弱い引力。水素結合は分子間力の一種。

1 次の分子やイオンの電子式を書きなさい。

	(1) アンモニア	(2) アンモニウムイオン	(3) 水	(4) オキソニウムイオン
化学式	NH_3	NH_4^+	H_2O	H_3O^+
電子式				

2 次の分子の分子式を書きなさい。

(1) 水素 ＿＿＿＿＿＿

(2) 水 ＿＿＿＿＿＿

(3) アンモニア ＿＿＿＿＿＿

(4) メタン ＿＿＿＿＿＿

(5) 二酸化炭素 ＿＿＿＿＿＿

(6) 窒素 ＿＿＿＿＿＿

(7) 酸素 ＿＿＿＿＿＿

(8) 塩化水素 ＿＿＿＿＿＿

(9) アルゴン ＿＿＿＿＿＿

(10) エチレン ＿＿＿＿＿＿

☑ 水素結合とは，O−H，F−H，N−H を含む分子間で H 原子をなかだちとしてはたらく分子間力である。

3 次の分子について，分子の構造を示す分子モデルとして適切なものを下の(ア)～(ク)から選び，記号で答えなさい。また，この分子は極性分子か，無極性分子か，適切な方に○をつけなさい。

	分子モデル	結合の極性
例 水素	(ア)	極性分子 ・ 無極性分子（○）
(1) 水		極性分子 ・ 無極性分子
(2) 二酸化炭素		極性分子 ・ 無極性分子
(3) アンモニア		極性分子 ・ 無極性分子
(4) 塩化水素		極性分子 ・ 無極性分子
(5) メタン		極性分子 ・ 無極性分子
(6) メタノール		極性分子 ・ 無極性分子
(7) エチレン		極性分子 ・ 無極性分子

(ア)

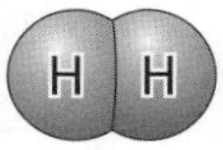

(イ)

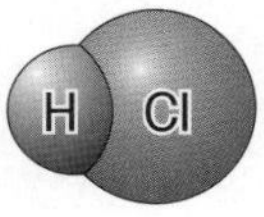

(ウ)

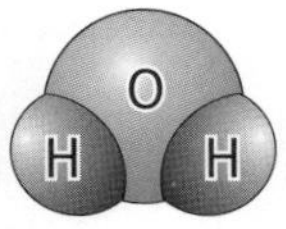

(エ)

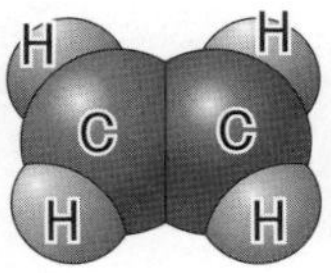

(オ)

(カ)

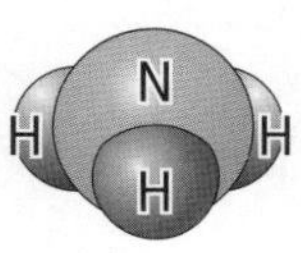

(キ)

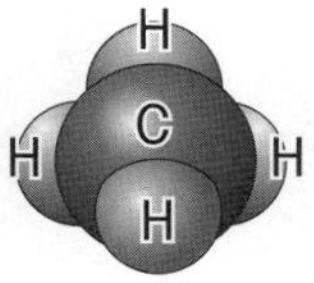

(ク)

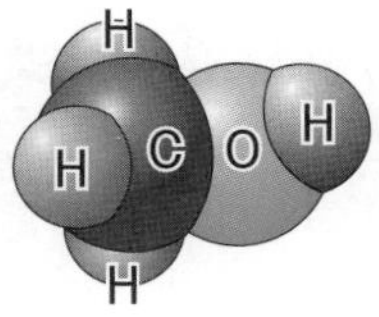

4 次の分子からなる物質について，その利用例として適切なものを下から選び，記号で答えなさい。

(1) 水素 ＿＿＿＿＿＿

(2) メタノール ＿＿＿＿＿＿

(3) 二酸化炭素 ＿＿＿＿＿＿

(4) ポリエチレン ＿＿＿＿＿＿

(5) ポリエチレンテレフタラート ＿＿＿＿＿＿

＜利用例＞

(ア) 固体はドライアイスとよばれ，保冷剤として使われる。
(イ) アルコールランプの燃料として使われる。
(ウ) ペットボトルや衣料品として使われる。
(エ) 水素–酸素燃料電池の材料やアンモニア合成の原料などに使われる。
(オ) ゴミ収集袋などのポリ袋に使われる。

☑ 電気陰性度の値は，周期表の右上にある元素(貴ガスを除く)ほど大きく，フッ素が最大である。

12 金属と分子結晶／物質の利用

Check!

- □ **金属結合《きんぞくけつごう》**…すべての金属元素の原子に自由電子が共有されてできる結合。
- □ **展性《てんせい》**…金属をうすく箔《はく》状に広げることができる性質。
- □ **延性《えんせい》**…金属を長く線状に延ばすことができる性質。
- □ **分子結晶《ぶんしけっしょう》**…分子が規則正しく配列してできた結晶。
- □ **共有結合《きょうゆうけつごう》の結晶《けっしょう》**…非金属元素の原子が，次々と共有結合して巨大化した結晶。
- □ **高分子化合物《こうぶんしかごうぶつ》**…小さな分子がくり返し共有結合してできた巨大な分子。分子量が非常に大きい。
- □ **リサイクル**…紙・ガラス・金属・プラスチックなどの不用品を資源として再利用すること。

1 次の金属の組成式を書きなさい。

(1) ナトリウム ______

(2) 鉄 ______

(3) 亜鉛 ______

(4) 銀 ______

(5) マグネシウム ______

(6) 金 ______

(7) 水銀 ______

(8) 鉛 ______

(9) 白金 ______

(10) クロム ______

2 次の組成式で表された金属の名称を書きなさい。

(1) Li ______

(2) K ______

(3) Ca ______

(4) Al ______

(5) Cu ______

(6) Ba ______

(7) Mn ______

(8) Ni ______

(9) Sn ______

(10) Co ______

3 次の金属の性質について，正しい記述には○を，誤っている記述には×をつけなさい。

(1) 金箔やアルミ箔は，「展性」という性質を利用したものである。 ______

(2) ほとんどの金属は，「延性」という性質により，可視光線を反射する。 ______

(3) 金属が電気を導きやすいのは，「自由電子」が金属内を移動するためである。 ______

(4) 金属の融点は非常に高く，常温で液体であるものはない。 ______

金や銅が黄色や赤色に見えるのは，可視光線の一部を反射せずに吸収してしまうためである。

4 次の表の空欄に適するものを下の語群から選び，表を完成させなさい。

<table>
<tr><th></th><th colspan="2">イオン結晶</th><th>金属結晶</th><th>分子結晶</th><th>共有結合の結晶</th></tr>
<tr><td>(1) 物質の例</td><td colspan="2"></td><td></td><td></td><td></td></tr>
<tr><td>(2) 構成粒子</td><td colspan="2"></td><td></td><td></td><td></td></tr>
<tr><td>(3) 粒子を結びつける力</td><td colspan="2"></td><td></td><td></td><td></td></tr>
<tr><td>(4) 化学式の種類</td><td colspan="2"></td><td></td><td></td><td></td></tr>
<tr><td>(5) 融点</td><td colspan="2"></td><td></td><td></td><td></td></tr>
<tr><td rowspan="2">(6) 電気伝導性</td><td>固体</td><td></td><td rowspan="2"></td><td rowspan="2"></td><td rowspan="2"></td></tr>
<tr><td>液体や水溶液</td><td></td></tr>
</table>

＜語群＞

(1) 鉄，ダイヤモンド，ドライアイス，塩化ナトリウム，氷，銅，二酸化ケイ素，塩化カルシウム

(2) 金属元素の原子，非金属元素の原子，分子，陽イオンと陰イオン

(3) イオン結合，共有結合，分子間力，金属結合

(4) 組成式，分子式

(5) 非常に高い，高い，物質によってさまざま※1，低い

(6) なし，あり

※1：3000 ℃を超えるものがある一方で，0 ℃以下のものもある。

5 次の身のまわりのものについて，関連する物質を下の物質群から選んで書きなさい。

(1) 台所用品や工具として用いられるステンレス鋼の主成分。 ＿＿＿＿＿＿＿＿

(2) ブラスバンドの楽器に使われている黄銅(しんちゅう)とよばれる合金。 ＿＿＿＿＿＿＿＿

(3) 水道管などのパイプに使われるプラスチック。 ＿＿＿＿＿＿＿＿

(4) ストッキングなどの繊維。 ＿＿＿＿＿＿＿＿

＜物質群＞

Cu と Zn，ポリ塩化ビニル，Fe，ナイロン 66

基本用語の確認

【1　物質の構成】

□ ____________ 酸素や水のように，1種類の物質だけからなるもの。

□ ____________ 空気や海水のように，2種類以上の物質が混じり合ったもの。

□ ____________ 液体とその液体に溶けない固体を，ろ紙などを用いて分離する操作。

□ ____________ 不純物が混じった固体を熱水などに溶かし，冷却して純粋な結晶を得る操作。

□ ____________ 2種類以上の物質を含む液体を加熱して沸騰させ，生じた蒸気を冷却し，再び液体にして分離する操作。

□ ____________ 混合物の中から目的の物質を溶媒に溶かし出して分離する操作。

□ ____________ 固体が液体にならずに直接気体になる変化を利用して物質を分離する操作。

□ ____________ ろ紙などに吸着する強さの違いを利用して混合物を分離する操作。

□ ____________ 水素や酸素のように，それ以上別の純物質に分解することができないもの。

□ ____________ 水のように，2種類以上の純物質に分解できるもの。

□ ____________ 単体や化合物を構成する基本的な成分。

□ ____________ 同じ元素の単体で，性質の異なる物質どうしの関係。

□ ____________ 塩化銀のように，化学反応などにより溶液の中に溶けずに生じる固体。

□ ____________ Na や K などの元素を含む化合物を炎の中に入れたとき，元素特有の色を示す反応。

□ ____________ 物質の三態(固体・液体・気体)の間で起こる変化。
融解(固→液)，凝固(液→固)，蒸発(液→気)，凝縮(気→液)，昇華(固→気)

□ ____________ 状態変化のように，物質そのものは変わらない変化。

□ ____________ ある物質が別の物質になる変化。

□ ____________ 物質を構成している粒子の不規則な運動。

□ ____________ 一定圧力のもとで固体が融解する温度。

□ ____________ 液体内部からも蒸発が起こる現象。

□ ____________ 一定圧力のもとで沸騰して気体になる温度。

□ ____________ 物質を構成する小さな粒子。

□ ____________ 19世紀のはじめにドルトンが提唱した，すべての物質は原子からなるという説。

□ ____________ 粒子がもつ電気の量。

□ ____________ 原子の中にある負の電荷をもつ粒子。

□ ____________ 原子の中にある正の電荷をもつ粒子。

□ ____________ 原子の中にある電荷をもたない粒子。

□ ____________ 原子の中心にある正の電荷をもつ粒子。陽子と中性子からなる。

□ ____________ 原子の番号のことで，原子核に含まれる陽子の数。

□ ____________ 原子の質量を表し，陽子の数と中性子の数の和。

□ ____________ 同じ元素の原子で，中性子の数が異なるために，質量数が異なる原子どうしの関係。

□ ____________ 原子核のまわりをまわっている電子の道すじ。K殻，L殻，M殻などがある。

□ ____________ 電子殻への電子の入り方(内側の電子殻から順に詰まっていく)。

□ ____________ 最も外側の電子殻にある電子。

□ ____________ 最外殻電子のうち，結合や反応に関係する電子。

□ ____________ 元素を原子番号順に並べ，性質の似た元素が同じ縦の列に並ぶように配列した表。

□ ____________ 周期表の1，2族，および13族から18族までの元素。

□ ____________ 周期表の3～12族までの元素。

【2　物質と化学結合】

□＿＿＿＿＿＿＿＿水溶液中で，陽イオンと陰イオンに分かれること。

□＿＿＿＿＿＿＿＿水に溶かしたとき，電離するもの。

□＿＿＿＿＿＿＿＿水に溶かしたとき，電離しないもの。

□＿＿＿＿＿＿＿＿電荷をもつ粒子。

□＿＿＿＿＿＿＿＿イオンのうちで，正の電荷をもつもの。

□＿＿＿＿＿＿＿＿イオンのうちで，負の電荷をもつもの。

□＿＿＿＿＿＿＿＿1 個の原子からできているイオン。

□＿＿＿＿＿＿＿＿2 個以上の原子からできているイオン。

□＿＿＿＿＿＿＿＿陽イオンと陰イオンが電気的な引力で結びついた結合。

□＿＿＿＿＿＿＿＿イオン結合でできた結晶。

□＿＿＿＿＿＿＿＿成分元素のイオンの数を最も簡単な整数比で表した化学式。

□＿＿＿＿＿＿＿＿原子が最外殻の電子を共有することでできる結合。

□＿＿＿＿＿＿＿＿いくつかの原子が共有結合で結びつき，ひとまとまりになった粒子。

□＿＿＿＿＿＿＿＿2 個の原子が 1 個ずつ電子を出し合った共有結合。

□＿＿＿＿＿＿＿＿分子中の共有結合を線(価標)で表した化学式。

□＿＿＿＿＿＿＿＿最外殻電子がつくる 2 個ずつの電子の対。

□＿＿＿＿＿＿＿＿対をつくっていない最外殻電子。

□＿＿＿＿＿＿＿＿共有結合によって原子間につくられた電子対。

□＿＿＿＿＿＿＿＿はじめから電子対になっていて，原子間に共有されていない電子対。

□＿＿＿＿＿＿＿＿構造式で，1 個の原子から出ている価標の数。

□＿＿＿＿＿＿＿＿一方の原子が非共有電子対を提供してできる共有結合。

□＿＿＿＿＿＿＿＿結合している原子が共有電子対を引き寄せる強さを表した数値。F が最大。

□＿＿＿＿＿＿＿＿電気陰性度の大きい原子に，共有電子対が引き寄せられて生じる電荷の偏《かたよ》り。

□＿＿＿＿＿＿＿＿結合に極性がないか，極性があっても全体としては電荷の偏りのない分子。

□＿＿＿＿＿＿＿＿結合に極性があり，分子全体として電荷の偏りをもつ分子。

□＿＿＿＿＿＿＿＿分子間にはたらく弱い引力。水素結合やファンデルワールス力など。

□＿＿＿＿＿＿＿＿金属全体を自由に移動できる電子。

□＿＿＿＿＿＿＿＿すべての金属元素の原子に自由電子が共有されてできる結合。

□＿＿＿＿＿＿＿＿金属結合により形成された結晶。

□＿＿＿＿＿＿＿＿金属をうすく箔《はく》状に広げることができる性質。

□＿＿＿＿＿＿＿＿金属を長く線状に延ばすことができる性質。

□＿＿＿＿＿＿＿＿金属の表面が光を反射すること。

□＿＿＿＿＿＿＿＿分子が規則正しく配列してできた結晶。

□＿＿＿＿＿＿＿＿非金属元素の原子が分子をつくらず，次々と共有結合して巨大化した結晶。

□＿＿＿＿＿＿＿＿2 種類以上の金属等を溶かし合わせてできる金属。

□＿＿＿＿＿＿＿＿多くの原子が共有結合で結びつき，巨大な分子となった化合物。ポリマー。

□＿＿＿＿＿＿＿＿高分子化合物の原料になる小さな分子。単量体。

□＿＿＿＿＿＿＿＿多数のモノマーがつながり，ポリマーが生成する反応。

□＿＿＿＿＿＿＿＿二重結合が開いて共有結合ができ，多数の分子がつながる重合反応。

□＿＿＿＿＿＿＿＿2 つの分子の間から簡単な分子がとれて分子間に共有結合ができ，多数の分子がつながる重合反応。

□＿＿＿＿＿＿＿＿紙・ガラス・金属・プラスチックなどでできた不用品を資源として再利用すること。

周期表ドリル

1 次の表の空欄をうめ，周期表を完成させなさい。

周期＼族	1	2	3	4	5	6	7	8	9	10	11	12	13	14	15	16	17	18
1																		
2																		
3																		
4			Sc	Ti	V	Cr	Mn		Co				Ga	Ge	As	Se		
			スカンジウム		バナジウム			鉄		ニッケル	銅	亜鉛	ガリウム	ゲルマニウム	ヒ素	セレン	臭素	クリプトン
5	Rb	Sr	Y	Zr	Nb	Mo	Tc	Ru	Rh	Pd			In	Sn	Sb	Te	I	
			イットリウム	ジルコニウム	ニオブ	モリブデン	テクネチウム	ルテニウム	ロジウム	パラジウム	銀	カドミウム	インジウム		アンチモン	テルル		キセノン
6	Cs	Ba	La-Lu	Hf	Ta	W	Re	Os	Ir				Tl	Pb	Bi	Po	At	Rn
			ランタノイド	ハフニウム	タンタル	タングステン	レニウム	オスミウム	イリジウム	白金	金	水銀	タリウム		ビスマス	ポロニウム	アスタチン	
7	Fr	Ra	Ac-Lr	Rf	Db	Sg	Bh	Hs	Mt	Ds	Rg	Cn	Nh	Fl	Mc	Lv	Ts	Og
			アクチノイド	ラザホージウム	ドブニウム	シーボーギウム	ボーリウム	ハッシウム	マイトネリウム	ダームスタチウム	レントゲニウム	コペルニシウム		フレロビウム	モスコビウム	リバモリウム	テネシン	オガネソン

2 次の表の空欄をうめ，周期表を完成させなさい。

族 周期	1	2	3	4	5	6	7	8	9	10	11	12	13	14	15	16	17	18
1																		
2																		
3																		
4			Sc		V			Fe		Ni	Cu	Zn	Ga	Ge	As	Se	Br	Kr
			スカンジウム	チタン	バナジウム	クロム	マンガン		コバルト				ガリウム	ゲルマニウム	ヒ素	セレン		
5			Y	Zr	Nb	Mo	Tc	Ru	Rh	Pd	Ag	Cd	In		Sb	Te		Xe
	ルビジウム	ストロンチウム	イットリウム	ジルコニウム	ニオブ	モリブデン	テクネチウム	ルテニウム	ロジウム	パラジウム			インジウム	スズ	アンチモン	テルル	ヨウ素	
6			La-Lu	Hf	Ta	W	Re	Os	Ir	Pt	Au	Hg	Tl		Bi	Po	At	
	セシウム	バリウム	ランタノイド	ハフニウム	タンタル	タングステン	レニウム	オスミウム	イリジウム				タリウム	鉛	ビスマス	ポロニウム	アスタチン	ラドン
7			Ac-Lr	Rf	Db	Sg	Bh	Hs	Mt	Ds	Rg	Cn		Fl	Mc	Lv	Ts	Og
	フランシウム	ラジウム	アクチノイド	ラザホージウム	ドブニウム	シーボーギウム	ボーリウム	ハッシウム	マイトネリウム	ダームスタチウム	レントゲニウム	コペルニシウム	ニホニウム	フレロビウム	モスコビウム	リバモリウム	テネシン	オガネソン

検印欄

／	／	／	／	／	／
／	／	／	／	／	／
／	／	／	／	／	／
／	／	／	／	／	／
／	／	／	／	／	／
／	／	／	／	／	／
／	／	／	／	／	／

年　　組　　番　名前

リピート＆チャージ化学基礎ドリル
物質の構成／物質と化学結合

解答編

実教出版

23(02)

中学の復習

1 右の図は，物質の状態を模式的に表したものである。A～F は，加熱または冷却のどちらを表しているか書きなさい。

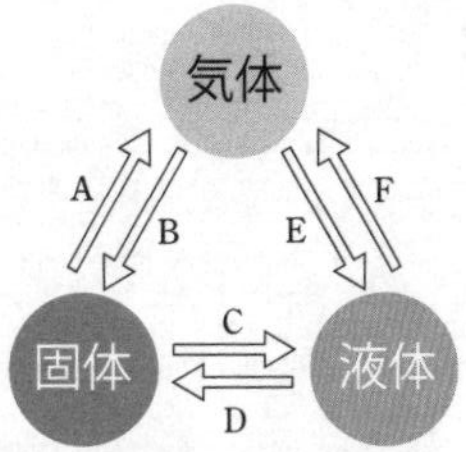

A. 加熱　　B. 冷却

C. 加熱　　D. 冷却

E. 冷却　　F. 加熱

解説　固体の物質を加熱するとそのエネルギーを吸収し液体となる。また，液体を加熱するとそのエネルギーを吸収し気体に変化する。

2 右の A～C の図は，物質の状態を粒子モデルで表したものである。それぞれ気体，液体，固体のどの状態を表しているか書きなさい。

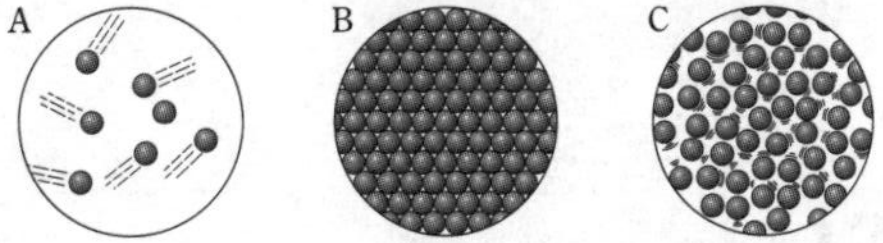

A. 気体　　B. 固体　　C. 液体

解説　固体は粒子が規則正しく並んでいる。液体は粒子の間隔が少しあり，粒子が運動している。気体は粒子の間隔が広く，粒子が飛びまわっている。

3 次の温度や現象，物質などを何というか書きなさい。

(1) 純粋な物質が加熱されて，固体から液体に変化する温度　　融点

(2) 純粋な物質が加熱されて沸騰し，液体から気体に変化する温度　　沸点

(3) 液体が表面から気体に変化する現象　　蒸発

(4) 固体が液体に変化する現象　　融解

(5) 液体が表面から気体になるだけでなく，内部からも気体に変化する現象　　沸騰

(6) 物質が液体に溶ける現象　　溶解

(7) 物質が液体に溶けて均一になっている液体のこと　　溶液

(8) 液体に溶けている物質のこと　　溶質

(9) 溶質を溶かしている液体のこと　　溶媒

解説　物質が液体から固体に変化する温度を，凝固点という。これは融点と同じ温度である。

☑ 固体から直接気体になる変化を昇華という。

4 次の原子の記号(元素記号)を書きなさい。

(1) 水素　H

(2) 炭素　C

(3) 窒素　N

(4) 酸素　O

(5) 硫黄　S

(6) 塩素　Cl

(7) ナトリウム　Na

(8) マグネシウム　Mg

(9) アルミニウム　Al

(10) カリウム　K

(11) カルシウム　Ca

(12) 鉄　Fe

5 次のイオンの化学式を書きなさい。

(1) 水素イオン　H^+

(2) ナトリウムイオン　Na^+

(3) アンモニウムイオン　NH_4^+

(4) 銅イオン　Cu^{2+}

(5) 亜鉛イオン　Zn^{2+}

(6) カルシウムイオン　Ca^{2+}

(7) 塩化物イオン　Cl^-

(8) 水酸化物イオン　OH^-

(9) 硝酸イオン　NO_3^-

(10) 炭酸イオン　CO_3^{2-}

(11) 硫酸イオン　SO_4^{2-}

6 次の化学反応を化学反応式で表しなさい。

(1) 銅と酸素が反応して，酸化銅になる。

$2Cu + O_2 \longrightarrow 2CuO$

(2) 炭素が燃焼して，二酸化炭素となる。

$C + O_2 \longrightarrow CO_2$

(3) 酸化銅が炭素と反応して，銅と二酸化炭素になる。

$2CuO + C \longrightarrow 2Cu + CO_2$

(4) 塩酸(塩化水素)と水酸化ナトリウムが反応すると，塩化ナトリウムと水ができる。

$HCl + NaOH \longrightarrow NaCl + H_2O$

☑ 化学反応の前後で，物質の総質量は変化しない(質量保存の法則)。

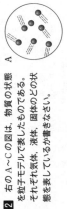

1 物質の探究(1)

☑ Check!

- □ **純物質《じゅんぶっしつ》**…1 種類の物質だけからなるもの。 例 酸素，窒素，二酸化炭素，塩化ナトリウム
  融点や沸点，密度はそれぞれの物質で決まっていて，一定である。
- □ **混合物《こんごうぶつ》**…2 種類以上の物質が混じり合ったもの。身のまわりの多くの物質は混合物である。
  例 空気，海水，石油，水道水
- □ **ろ過《か》**…液体と，溶けずに混じっている固体を，ろ紙を用いて分離する操作。
- □ **再結晶《さいけっしょう》**…温度による溶解度の違いを利用して，純度の高い結晶を得る操作。
- □ **蒸留《じょうりゅう》**…溶液を加熱し，発生した蒸気を冷却して，蒸発しやすい成分を取り出す操作。
- □ **抽出《ちゅうしゅつ》**…物質の溶媒への溶けやすさの違いを利用して，目的の物質を溶媒に溶かし出す操作。
- □ **昇華《しょうか》**…固体から直接気体に変化する性質を利用して，物質を分ける操作。
- □ **クロマトグラフィー**…物質の吸着力の違いを利用して，物質を分離する操作。

1 次の物質について，混合物にはA，純物質にはBを書いて分類しなさい。

(1) 塩化ナトリウム	B	(8) 水道水	A
(2) 石油	A	(9) 窒素	B
(3) 鉄	B	(10) アルミニウム	B
(4) 空気	A	(11) 海水	A
(5) ダイヤモンド	B	(12) 塩化マグネシウム	B
(6) 炭酸水素ナトリウム	B	(13) 酸素	B
(7) 塩酸	A		

解説 塩酸は，塩化水素と水の混合物である。

2 次のような操作を何というか書きなさい。

(1) 食塩水と砂が混じり合った混合物を，ろ紙を用いて食塩水と砂に分離する。　ろ過

(2) 海水を加熱し，生じた水蒸気を冷却して水を得る。　蒸留

(3) お茶の葉に湯を加え，湯に溶け出た成分を取り出す。　抽出

(4) 不純物が少量混じった塩化ナトリウムを熱水に溶かして冷却し，食塩の結晶を得る。　再結晶

(5) 不純物が混じったヨウ素を加熱して，ヨウ素のみを取り出す。　昇華(法)

(6) 黒いインクの中に含まれるさまざまな色の成分を分離して取り出す。　クロマトグラフィー

解説 混合物を分離したり，精製したりするためには，その物質の性質(水への溶けやすさ，融点，沸点など)を理解しておく必要がある。

3 右の図は，溶けない固体を含んだ溶液を，固体と液体に分離する操作を示したものである。この操作の名称とA，Bの器具の名称を書きなさい。

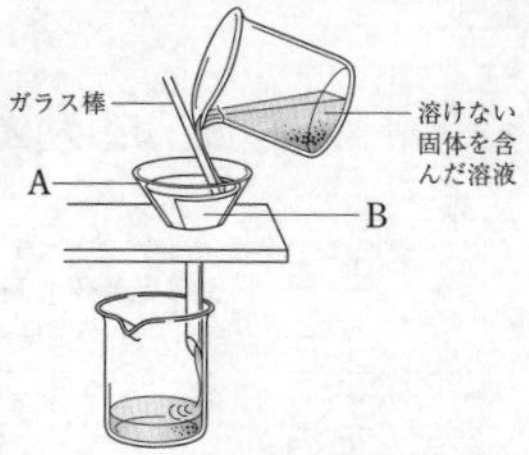

操作の名称　ろ過

A.　ろうと

B.　ろ紙

4 次の図は，食塩水から純粋な水を取り出す操作のようすを表したものである。この操作の名称とA～Eの器具の名称を書きなさい。また，水は(ア)と(イ)のどちらから流すのが適当か書きなさい。

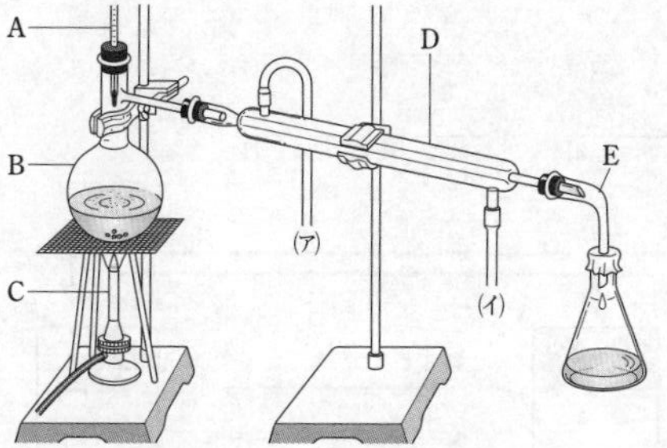

操作の名称　蒸留

A.　温度計

B.　枝つきフラスコ

C.　ガスバーナー

D.　リービッヒ冷却器

E.　アダプター

水を流す向き　(イ)

5 不純物の入ったヨウ素からヨウ素だけを取り出したい。次の問いに答えなさい。

(1) ヨウ素を取り出す方法として適切なものを次の図の(ア)～(エ)から選びなさい。

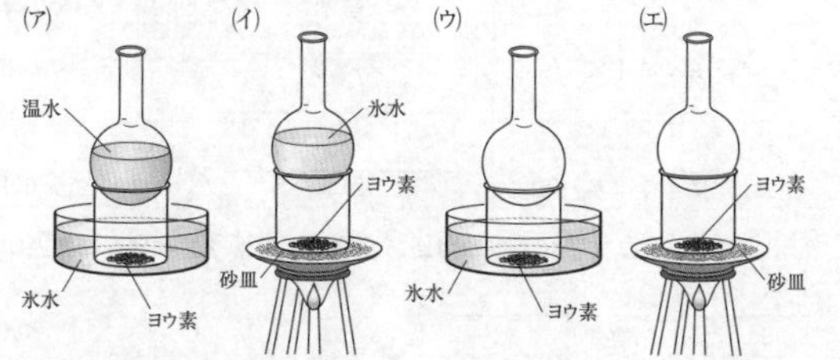

(イ)

(2) (1)の方法を何というか書きなさい。

昇華(法)

(3) 次の物質のうち，(1)と同じ方法で不純物の入った物質を分離できるものはどれか書きなさい。
塩化ナトリウム，ナフタレン，鉄，炭酸カルシウム

ナフタレン

 ☑ 沸点の差を利用して，物質を各成分に分けることを，分留(分別蒸留)という。

! 蒸留の操作では，枝分かれの部分に温度計の球部が位置するように設置する。

2 物質の探究(2)

☑ Check!

□ 単体《たんたい》…1種類の元素からできている物質。
□ 化合物《かごうぶつ》…2種類以上の元素からできている物質。
□ 同素体《どうそたい》…同じ元素の単体で，性質の異なる物質どうしのこと。
□ 炎色反応《えんしょくはんのう》…化合物を炎に入れると，特有の色を発する反応。

リチウム：赤　カルシウム：橙赤
銅：青緑　ストロンチウム：深赤(紅)
ナトリウム：黄　バリウム：黄緑
カリウム：赤紫

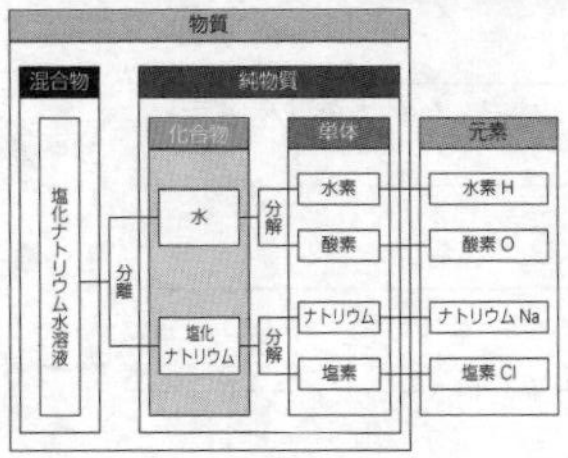

□ 固体《こたい》…粒子の位置が一定で，細かく振動している状態。
□ 液体《えきたい》…粒子が運動していて位置が変わる状態。
□ 気体《きたい》…すべての粒子が自由に動く状態。

1 次の物質について，単体にはA，化合物にはBを書いて分類しなさい。

(1) 塩化ナトリウム　B
(2) ナトリウム　A
(3) 塩化カルシウム　B
(4) 酸素　A
(5) 硫酸　B
(6) 二酸化炭素　B
(7) 酸化アルミニウム　B
(8) 銀　A
(9) 水素　A
(10) 水　B

2 次の記述の下線部は，元素と単体のどちらの意味で用いられているか書きなさい。

(1) 酸素は，無色・無臭の気体である。　単体
(2) 水は，酸素と水素からできている。　元素
(3) 水素は，最も軽い気体である。　単体
(4) 鉄は，磁石に引き寄せられる性質がある。　単体
(5) 健康のために，鉄を多く食事からとるようにしなさい。　元素
(6) 骨にはカルシウムが含まれている。　元素
(7) 空気中にアルゴンが約1％存在している。　単体
(8) 陸上競技の優勝者に金のメダルが与えられた。　単体
(9) 窒素は空気中の約80％を占め，反応性が低い無色の気体である。　単体

解説　単体は物質であり，元素は成分として用いられている。

3 次の物質と同素体の関係にあるものを，右の物質群から選んで書きなさい。

(1) 単斜硫黄　ゴム状硫黄
(2) ダイヤモンド　黒鉛
(3) 黄リン　赤リン
(4) オゾン　酸素

＜物質群＞
黒鉛
赤リン
ゴム状硫黄
酸素
二酸化炭素

4 次の元素を含む物質を炎に入れると，何色を示すか書きなさい。

(1) ナトリウム　黄色
(2) 銅　青緑色
(3) カリウム　赤紫色
(4) リチウム　赤色
(5) カルシウム　橙赤色
(6) バリウム　黄緑色
(7) ストロンチウム　深赤色(紅色)

5 次の図は，物質の状態変化を表している。(1)～(5)にあてはまる状態変化の名称を書きなさい。

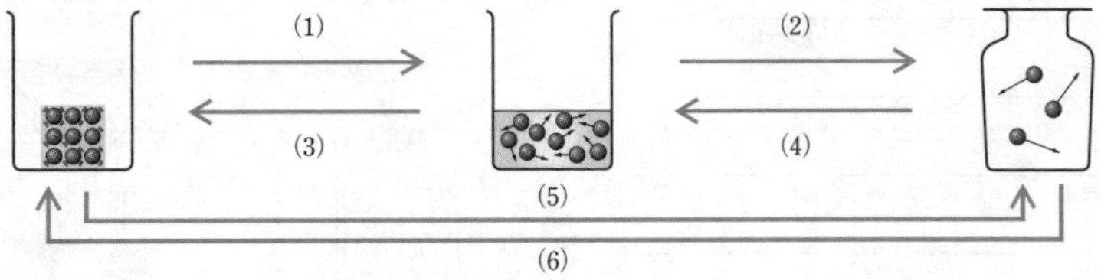

(1) 融解　(2) 蒸発　(3) 凝固
(4) 凝縮　(5) 昇華　(6) 凝華

6 右の図は，固体の物質を一様に加熱したときの時間と温度の関係を示したものである。次の問いに答えなさい。

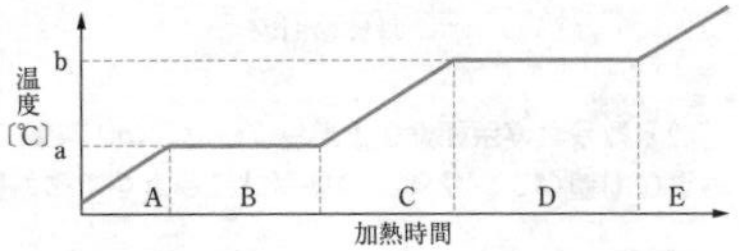

(1) a，bの温度をそれぞれ何というか書きなさい。

a. 融点　b. 沸点

(2) 次の状態を示す区間はどこか。図のA～Eの中から選びなさい。

① すべて固体の状態　A
② すべて液体の状態　C
③ すべて気体の状態　E
④ 固体と液体が共存している状態　B
⑤ 液体と気体が共存している状態　D

 ☑ 2つ以上の元素記号で表される物質は，化合物である。

物質の状態は，温度のほかに，圧力によっても変わる。

3 元素と元素記号

Check!

□ 元素《げんそ》…物質を構成する基本成分のこと。現在約 120 種類が知られている。
物質はいくつかの元素の組み合わせでできている。

□ 元素記号《げんそきごう》…元素をアルファベット 2 文字以内で表した記号。

1 次の元素の元素記号を書きなさい。

(1)	水素	H	(19)	カリウム	K
(2)	ヘリウム	He	(20)	カルシウム	Ca
(3)	リチウム	Li	(21)	クロム	Cr
(4)	ベリリウム	Be	(22)	マンガン	Mn
(5)	ホウ素	B	(23)	鉄	Fe
(6)	炭素	C	(24)	ニッケル	Ni
(7)	窒素	N	(25)	銅	Cu
(8)	酸素	O	(26)	亜鉛	Zn
(9)	フッ素	F	(27)	臭素	Br
(10)	ネオン	Ne	(28)	銀	Ag
(11)	ナトリウム	Na	(29)	スズ	Sn
(12)	マグネシウム	Mg	(30)	ヨウ素	I
(13)	アルミニウム	Al	(31)	白金	Pt
(14)	ケイ素	Si	(32)	金	Au
(15)	リン	P	(33)	水銀	Hg
(16)	硫黄	S	(34)	鉛	Pb
(17)	塩素	Cl	(35)	ウラン	U
(18)	アルゴン	Ar			

解説　元素記号の 1 文字目は大文字，
2 文字目は小文字で書かれる。

2 次の元素記号の元素名を書きなさい。

(1)	H	水素	(21)	Cr	クロム
(2)	He	ヘリウム	(22)	Mn	マンガン
(3)	Li	リチウム	(23)	Fe	鉄
(4)	Be	ベリリウム	(24)	Ni	ニッケル
(5)	B	ホウ素	(25)	Cu	銅
(6)	C	炭素	(26)	Zn	亜鉛
(7)	N	窒素	(27)	Br	臭素
(8)	O	酸素	(28)	Ag	銀
(9)	F	フッ素	(29)	Sn	スズ
(10)	Ne	ネオン	(30)	I	ヨウ素
(11)	Na	ナトリウム	(31)	Pt	白金
(12)	Mg	マグネシウム	(32)	Au	金
(13)	Al	アルミニウム	(33)	Hg	水銀
(14)	Si	ケイ素	(34)	Pb	鉛
(15)	P	リン	(35)	U	ウラン
(16)	S	硫黄	(36)※	Kr	クリプトン
(17)	Cl	塩素	(37)※	Rb	ルビジウム
(18)	Ar	アルゴン	(38)※	Sr	ストロンチウム
(19)	K	カリウム	(39)※	Cd	カドミウム
(20)	Ca	カルシウム	(40)※	Xe	キセノン

※は，やや難しい元素記号

元素には，人工的につくられたものも存在する。

宇宙を構成する元素で最も多いものは，水素である。

4 原子の構造と電子配置

Check!

□ 原子《げんし》 ─ □ 原子核《げんしかく》 ─ □ 陽子《ようし》…正の電荷をもつ
　　　　　　　　　　　　　 └ □ 中性子《ちゅうせいし》…電荷をもたない
　　　　 └ □ 電子《でんし》…負の電荷をもつ

□ 原子番号《げんしばんごう》…原子の番号(＝陽子の数＝電子の数)

□ 質量数《しつりょうすう》…原子の質量(＝陽子の数＋中性子の数)

□ 同位体《どういたい》…原子番号が同じで質量数が異なる(中性子の数が異なる)原子どうしのことを，互いに同位体(アイソトープ)という。

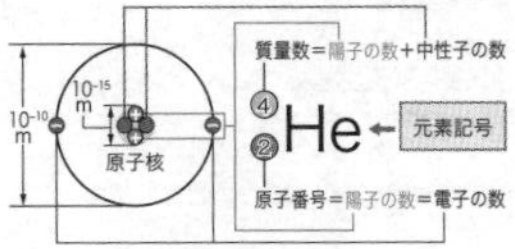

ヘリウム原子の模式図

□ 電子配置《でんしはいち》…各原子の電子がどのように電子殻に入っているかを表したもの。内側の電子殻から順番に電子が配置される。

□ 価電子《かでんし》…最外殻の電子の数のこと。ただし，He，Ne，Ar など0になる。

□ 周期表《しゅうきひょう》…元素を原子番号順に並べ，よく似た性質の元素が縦の列に並ぶように配列した表。

1 次の原子の原子番号，質量数，陽子の数，中性子の数，電子の数を書きなさい。

	原子番号	質量数	陽子の数	中性子の数	電子の数
例 $^{12}_{6}C$	**6**	**12**	**6**	**6**	**6**
$^{1}_{1}H$	1	1	1	0	1
$^{2}_{1}H$	1	2	1	1	1
$^{4}_{2}He$	2	4	2	2	2
$^{13}_{6}C$	6	13	6	7	6
$^{14}_{7}N$	7	14	7	7	7
$^{20}_{10}Ne$	10	20	10	10	10
$^{27}_{13}Al$	13	27	13	14	13
$^{36}_{18}Ar$	18	36	18	18	18
$^{40}_{18}Ar$	18	40	18	22	18
$^{64}_{29}Cu$	29	64	29	35	29
$^{238}_{92}U$	92	238	92	146	92

2 次の原子の電子配置を書きなさい。また，その原子の価電子の数を書きなさい。ただし，L～N殻の電子配置が0の場合は空欄とし，価電子の数は0の場合でも0と書くこと。

	K殻	L殻	M殻	N殻	価電子の数
例 $_{1}H$	**1**				**1**
$_{2}He$	2				0
$_{3}Li$	2	1			1
$_{4}Be$	2	2			2
$_{5}B$	2	3			3
$_{6}C$	2	4			4
$_{7}N$	2	5			5
$_{8}O$	2	6			6
$_{9}F$	2	7			7
$_{10}Ne$	2	8			0
$_{11}Na$	2	8	1		1
$_{12}Mg$	2	8	2		2
$_{13}Al$	2	8	3		3
$_{14}Si$	2	8	4		4
$_{15}P$	2	8	5		5
$_{16}S$	2	8	6		6
$_{17}Cl$	2	8	7		7
$_{18}Ar$	2	8	8		0
$_{19}K$	2	8	8	1	1
$_{20}Ca$	2	8	8	2	2

F，Na，Al，P などのように，同位体が存在しない元素もある。

カリウムやカルシウムでは，M殻に配置される電子は8個で，残りはN殻に配置される。

5 電子配置とイオン(1)

Check!

- □ **イオン**…電荷をもつ粒子。
- □ **陽《よう》イオン**…イオンのうちで，正の電荷をもつもの。
  価電子の数が1または2の原子は，電子を放出して，貴ガス原子と同じ電子配置の陽イオンになりやすい。
- □ **陰《いん》イオン**…イオンのうちで，負の電荷をもつもの。
  価電子の数が6または7の原子は，電子を受け取って，貴ガス原子と同じ電子配置の陰イオンになりやすい。
- □ 〈イオンの表し方〉…元素記号の右上に価数と正負の符号を書いて表す。(イオン式ということがある)。例 Mg^{2+}

1 次の原子が陽イオンになるときの反応式を，電子 e^- を用いて書きなさい。

例 水素 H→水素イオン H^+　　答 $H \longrightarrow H^+ + e^-$

(1) リチウム Li→リチウムイオン Li^+　　$Li \longrightarrow Li^+ + e^-$

(2) ナトリウム Na→ナトリウムイオン Na^+　　$Na \longrightarrow Na^+ + e^-$

(3) カリウム K→カリウムイオン K^+　　$K \longrightarrow K^+ + e^-$

(4) 銀 Ag→銀イオン Ag^+　　$Ag \longrightarrow Ag^+ + e^-$

(5) ベリリウム Be→ベリリウムイオン Be^{2+}　　$Be \longrightarrow Be^{2+} + 2e^-$

(6) マグネシウム Mg→マグネシウムイオン Mg^{2+}　　$Mg \longrightarrow Mg^{2+} + 2e^-$

(7) カルシウム Ca→カルシウムイオン Ca^{2+}　　$Ca \longrightarrow Ca^{2+} + 2e^-$

(8) バリウム Ba→バリウムイオン Ba^{2+}　　$Ba \longrightarrow Ba^{2+} + 2e^-$

2 次の原子が陰イオンになるときの反応式を，電子 e^- を用いて書きなさい。

例 フッ素 F→フッ化物イオン F^-　　答 $F + e^- \longrightarrow F^-$

(1) 塩素 Cl→塩化物イオン Cl^-　　$Cl + e^- \longrightarrow Cl^-$

(2) 臭素 Br→臭化物イオン Br^-　　$Br + e^- \longrightarrow Br^-$

(3) ヨウ素 I→ヨウ化物イオン I^-　　$I + e^- \longrightarrow I^-$

(4) 酸素 O→酸化物イオン O^{2-}　　$O + 2e^- \longrightarrow O^{2-}$

(5) 硫黄 S→硫化物イオン S^{2-}　　$S + 2e^- \longrightarrow S^{2-}$

3 次の元素の各原子について，単原子イオンになったときのイオン式と電子配置を図で示しなさい。また，比較のために18族の原子の電子配置も示しなさい。

周期＼族	1	2	13	16	17	18
1						He 
2	例 Li Li^+ 	Be Be^{2+} 		O O^{2-} 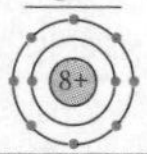	F F^- 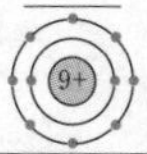	Ne 
3	Na Na^+ 	Mg Mg^{2+} 	Al Al^{3+} 	S S^{2-} 	Cl Cl^- 	Ar 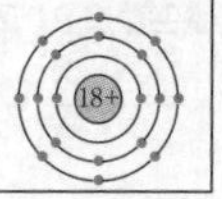
4	K K^+ 	Ca Ca^{2+} 				

解説 価電子の数が少ない場合(1~3個)は，その価電子を放出して，陽イオンになる。価電子の数が多い場合(6, 7個)は，電子を受け入れて陰イオンになる。

4 次の原子の電子配置と，その原子がイオンになったときの電子配置を示しなさい。

例 酸素 O　答 K(2)L(6)
酸化物イオン O^{2-}　答 K(2)L(8)

(1) フッ素 F　K(2)L(7)
フッ化物イオン F^-　K(2)L(8)

(2) ナトリウム Na　K(2)L(8)M(1)
ナトリウムイオン Na^+　K(2)L(8)

(3) マグネシウム Mg　K(2)L(8)M(2)
マグネシウムイオン Mg^{2+}　K(2)L(8)

(4) 硫黄 S　K(2)L(8)M(6)
硫化物イオン S^{2-}　K(2)L(8)M(8)

(5) 塩素 Cl　K(2)L(8)M(7)
塩化物イオン Cl^-　K(2)L(8)M(8)

(6) カリウム K　K(2)L(8)M(8)N(1)
カリウムイオン K^+　K(2)L(8)M(8)

(7) カルシウム Ca　K(2)L(8)M(8)N(2)
カルシウムイオン Ca^{2+}　K(2)L(8)M(8)

! イオンになる式は，Hから電子を引くのではないから，$H - e^- \longrightarrow H^+$ とは書かない。

貴ガスの電子配置は安定であるため，単原子イオンは貴ガスと同じ電子配置となる。

6 電子配置とイオン(2)

☑ Check!

□ **陽《よう》イオン**…元素名＋イオン
複数の価数をもつ場合は，ローマ数字で価数を明示する。
例 Fe^{2+}：鉄(Ⅱ)イオン，Fe^{3+}：鉄(Ⅲ)イオン

□ **陰《いん》イオン**…元素名＋化物イオン
多原子イオンの場合は，「～酸イオン」となる場合がある。
例 F^-：フッ化物イオン，$CO_3{}^{2-}$：炭酸イオン

1 次のイオンの名称(読み方)を書きなさい。

(1) Na^+　ナトリウムイオン
(2) H^+　水素イオン
(3) Al^{3+}　アルミニウムイオン
(4) Ag^+　銀イオン
(5) Li^+　リチウムイオン
(6) Ba^{2+}　バリウムイオン
(7) K^+　カリウムイオン
(8) Ca^{2+}　カルシウムイオン
(9) Zn^{2+}　亜鉛イオン
(10) Mg^{2+}　マグネシウムイオン
(11) Cu^+　銅(Ⅰ)イオン
(12) Cu^{2+}　銅(Ⅱ)イオン
(13) Pb^{2+}　鉛(Ⅱ)イオン
(14) Fe^{2+}　鉄(Ⅱ)イオン
(15) Fe^{3+}　鉄(Ⅲ)イオン
(16) $NH_4{}^+$　アンモニウムイオン
(17) Cl^-　塩化物イオン
(18) F^-　フッ化物イオン
(19) S^{2-}　硫化物イオン
(20) Br^-　臭化物イオン
(21) O^{2-}　酸化物イオン
(22) I^-　ヨウ化物イオン
(23) OH^-　水酸化物イオン
(24) $CO_3{}^{2-}$　炭酸イオン
(25) $HCO_3{}^-$　炭酸水素イオン
(26) $NO_3{}^-$　硝酸イオン
(27) $SO_4{}^{2-}$　硫酸イオン
(28) $PO_4{}^{3-}$　リン酸イオン

 遷移元素は，複数の価数のイオンをつくることが多い。

2 次のイオンに適するイオン式を書きなさい。

(1) 銅(Ⅱ)イオン　Cu^{2+}
(2) ナトリウムイオン　Na^+
(3) 水素イオン　H^+
(4) アルミニウムイオン　Al^{3+}
(5) 銀イオン　Ag^+
(6) リチウムイオン　Li^+
(7) カリウムイオン　K^+
(8) 銅(Ⅰ)イオン　Cu^+
(9) マグネシウムイオン　Mg^{2+}
(10) バリウムイオン　Ba^{2+}
(11) 鉄(Ⅱ)イオン　Fe^{2+}
(12) カルシウムイオン　Ca^{2+}
(13) 亜鉛イオン　Zn^{2+}
(14) 鉛(Ⅱ)イオン　Pb^{2+}
(15) 鉄(Ⅲ)イオン　Fe^{3+}
(16) アンモニウムイオン　$NH_4{}^+$
(17) 酸化物イオン　O^{2-}
(18) ヨウ化物イオン　I^-
(19) フッ化物イオン　F^-
(20) 臭化物イオン　Br^-
(21) 塩化物イオン　Cl^-
(22) 硝酸イオン　$NO_3{}^-$
(23) 硫化物イオン　S^{2-}
(24) 水酸化物イオン　OH^-
(25) 硫酸イオン　$SO_4{}^{2-}$
(26) リン酸イオン　$PO_4{}^{3-}$
(27) 炭酸イオン　$CO_3{}^{2-}$
(28) 炭酸水素イオン　$HCO_3{}^-$

3 次のイオンの電子配置は，18 族のどの原子と同じ電子配置であるか。あてはまる 18 族の元素記号を書きなさい。

(1) Li^+　He
(2) Be^{2+}　He
(3) O^{2-}　Ne
(4) F^-　Ne
(5) Na^+　Ne
(6) Mg^{2+}　Ne
(7) Al^{3+}　Ne
(8) S^{2-}　Ar
(9) Cl^-　Ar
(10) K^+　Ar
(11) Ca^{2+}　Ar

貴ガスは，希ガスともいわれ，反応性に乏《とぼ》しく安定である。

7 周期表

Check!

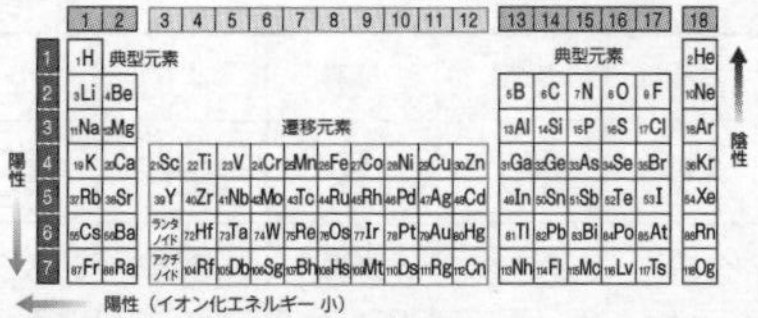

□ 族《ぞく》…周期表の縦の列。左から1族～18族という。

□ 周期《しゅうき》…周期表の横の行。上から第1周期～第7周期という。

□ 典型元素《てんけいげんそ》…1，2族と13～18族の元素。金属元素と非金属元素がある。

□ 遷移元素《せんいげんそ》…3～12族の元素。すべて金属元素。価電子の数が周期的には変化せず，周期表でとなり合った元素が比較的似た性質を示す。

□ アルカリ金属《きんぞく》…Hを除く1族元素。

□ アルカリ土類金属《どるいきんぞく》…2族の元素。

□ ハロゲン…17族の元素。

□ 貴《き》ガス(希ガス)…18族の元素。

1 次に該当する周期表の場所をぬりなさい。

例 アルカリ金属

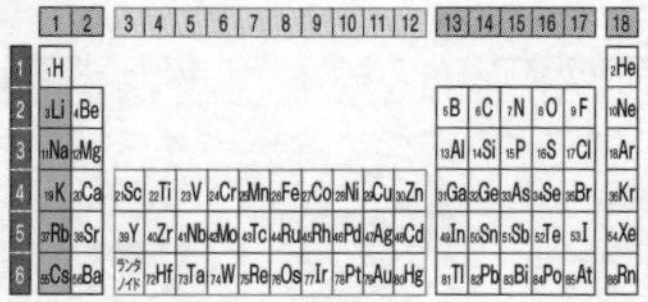

(1) 非金属元素

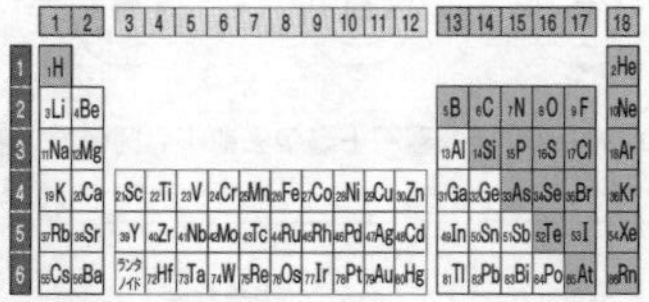

(2) 金属元素

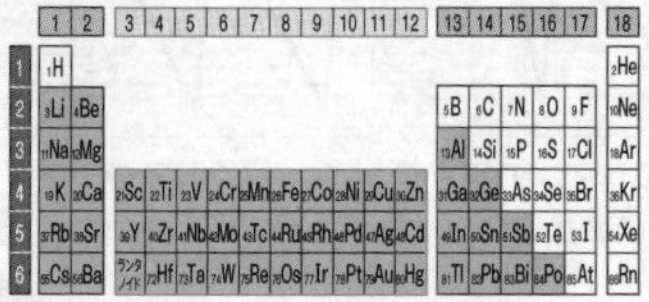

(3) アルカリ土類金属

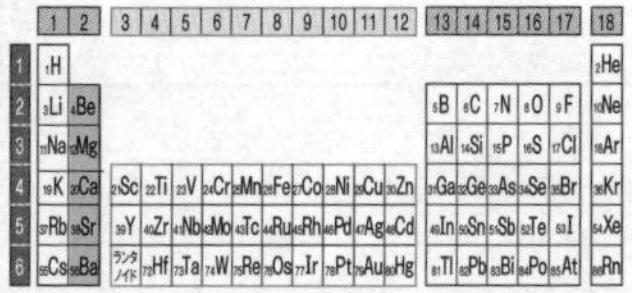

(4) ハロゲン

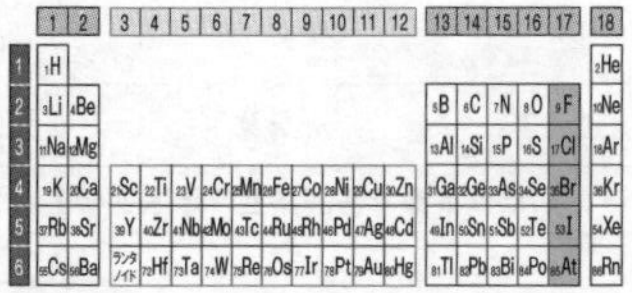

(5) 貴ガス

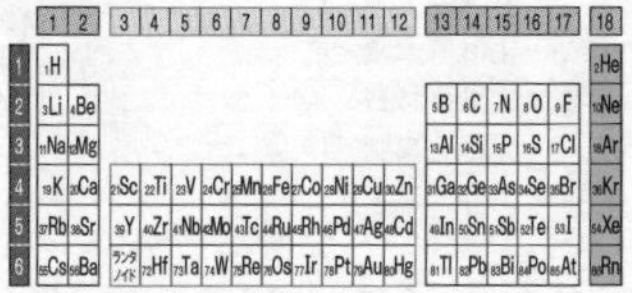

 現在の形に近い周期表は，メンデレーエフ(ロシア，1834～1907年)によって1869年につくられた。

2 次の周期表の空欄にあてはまる元素記号と元素名を書きなさい。

周期＼族	1	2	3	4	5	6	7	8	9	10	11	12	13	14	15	16	17	18
1	H 水素																	He ヘリウム
2	Li リチウム	Be ベリリウム											B ホウ素	C 炭素	N 窒素	O 酸素	F フッ素	Ne ネオン
3	Na ナトリウム	Mg マグネシウム											Al アルミニウム	Si ケイ素	P リン	S 硫黄	Cl 塩素	Ar アルゴン
4	K カリウム	Ca カルシウム	Sc スカンジウム	Ti チタン	V バナジウム	Cr クロム	Mn マンガン	Fe 鉄	Co コバルト	Ni ニッケル	Cu 銅	Zn 亜鉛	Ga ガリウム	Ge ゲルマニウム	As ヒ素	Se セレン	Br 臭素	Kr クリプトン
5	Rb ルビジウム	Sr ストロンチウム	Y イットリウム	Zr ジルコニウム	Nb ニオブ	Mo モリブデン	Tc テクネチウム	Ru ルテニウム	Rh ロジウム	Pd パラジウム	Ag 銀	Cd カドミウム	In インジウム	Sn スズ	Sb アンチモン	Te テルル	I ヨウ素	Xe キセノン
6	Cs セシウム	Ba バリウム	La-Lu ランタノイド	Hf ハフニウム	Ta タンタル	W タングステン	Re レニウム	Os オスミウム	Ir イリジウム	Pt 白金	Au 金	Hg 水銀	Tl タリウム	Pb 鉛	Bi ビスマス	Po ポロニウム	At アスタチン	Rn ラドン
7	Fr フランシウム	Ra ラジウム	Ac-Lr アクチノイド	Rf ラザホージウム	Db ドブニウム	Sg シーボーギウム	Bh ボーリウム	Hs ハッシウム	Mt マイトネリウム	Ds ダームスタチウム	Rg レントゲニウム	Cn コペルニシウム	Nh ニホニウム	Fl フレロビウム	Mc モスコビウム	Lv リバモリウム	Ts テネシン	Og オガネソン

周期表の左下にある元素ほど陽性が強く，右上(貴ガスを除く)にある元素ほど陰性が強い。

8 元素の周期律と周期表

1 次のグラフは，原子番号 1～20 の元素の性質を示す数や量を表したものである。(1)，(2)に該当するものを右の(ア)～(オ)の中から選び，記号で答えなさい。

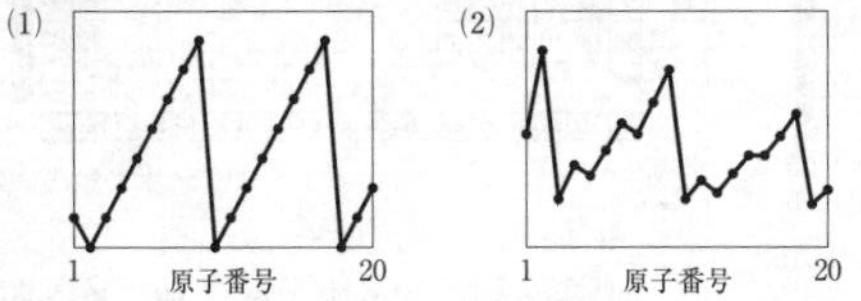

(1) (イ)　(2) (ア)

(ア) イオン化エネルギー
(イ) 価電子の数
(ウ) 最外殻電子の数
(エ) 電子親和力
(オ) 原子の半径

2 次の図は，原子の電子配置を示したものである。各原子の元素名と元素記号を書きなさい。

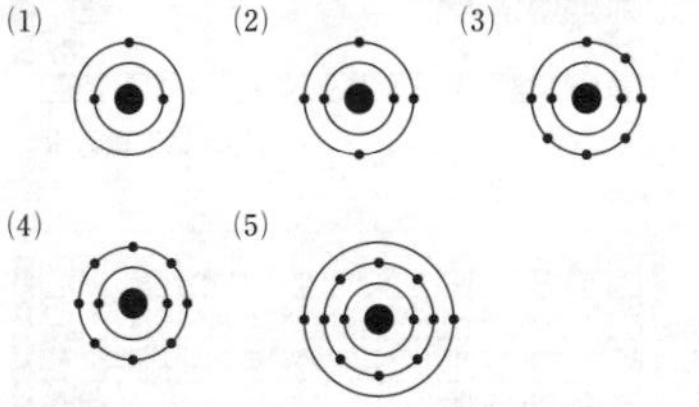

	元素名	元素記号
(1)	リチウム	Li
(2)	炭素	C
(3)	フッ素	F
(4)	ネオン	Ne
(5)	マグネシウム	Mg

解説　原子において，電子の数と陽子の数は等しい。陽子の数が原子番号であることから原子の元素名がわかる。

3 次の周期表の空欄をうめなさい。

周期＼族	1	2	13	14	15	16	17	18
1	例 H 水素							He ヘリウム
2	Li リチウム	Be ベリリウム	B ホウ素	C 炭素	N 窒素	O 酸素	F フッ素	Ne ネオン
3	Na ナトリウム	Mg マグネシウム	Al アルミニウム	Si ケイ素	P リン	S 硫黄	Cl 塩素	Ar アルゴン
4	K カリウム	Ca カルシウム						

解説　原子番号 1～20 までの元素記号と元素の名称，その周期表での位置は非常に重要なので，しっかり確認しておこう。

☑ 各元素の性質は周期的に変化する。これを周期律という。

4 原子番号 1～20 番までの元素記号と電子配置を書きなさい。

周期＼族	1	2	13	14	15	16	17	18
1	H (1+)							He (2+)
2	例 Li (3+)	Be (4+)	B (5+)	C (6+)	N (7+)	O (8+)	F (9+)	Ne (10+)
3	Na (11+)	Mg (12+)	Al (13+)	Si (14+)	P (15+)	S (16+)	Cl (17+)	Ar (18+)
4	K (19+)	Ca (20+)						

解説　各電子殻に配置できる電子の数は決まっている(K 殻 2 個，L 殻 8 個，M 殻 18 個)。内側から順番に電子が配置される。原子番号 19，20 の K と Ca については，M 殻には 8 個が配置されたあと，N 殻に電子が配置される。

1つの電子殻の中では，電子●をかく位置はどこでもよい。

9 イオン結合とイオン結晶

Check!

□ **イオン結合《けつごう》**…陽イオンと陰イオンの静電気的な引力(クーロン力)による結合。
イオン結合でできた物質(結晶)を**イオン結晶《けっしょう》**という。

□ **組成式《そせいしき》**…イオンからなる物質は，陽イオンの正電荷と陰イオンの負電荷の総和が0(電気的に中性)になるように一定の数の比で結びついている。これは陽イオンと陰イオンの価数によって決まる。
(陽イオンの価数)×(陽イオンの数)＝(陰イオンの価数)×(陰イオンの数)
組成式の書き方・読み方…組成式は陽イオン，陰イオンの順に書く。
読むときは陰イオン，陽イオンの順に読む。

1 イオンからなる次の物質の陽イオンと陰イオンの数の比と組成式を書きなさい。

例 Na^+ : Cl^-＝1：1　　$NaCl$

(1) Na^+ : OH^-＝1：1　　$NaOH$
(2) K^+ : Cl^-＝1：1　　KCl
(3) K^+ : Br^-＝1：1　　KBr
(4) Ag^+ : NO_3^-＝1：1　　$AgNO_3$
(5) NH_4^+ : Cl^-＝1：1　　NH_4Cl
(6) Na^+ : HCO_3^-＝1：1　　$NaHCO_3$
(7) Ca^{2+} : O^{2-}＝1：1　　CaO
(8) Ca^{2+} : SO_4^{2-}＝1：1　　$CaSO_4$
(9) Fe^{2+} : SO_4^{2-}＝1：1　　$FeSO_4$
(10) Al^{3+} : PO_4^{3-}＝1：1　　$AlPO_4$
(11) Mg^{2+} : Cl^-＝1：2　　$MgCl_2$
(12) Ca^{2+} : Cl^-＝1：2　　$CaCl_2$
(13) Cu^{2+} : OH^-＝1：2　　$Cu(OH)_2$
(14) Ca^{2+} : HCO_3^-＝1：2　　$Ca(HCO_3)_2$
(15) K^+ : SO_4^{2-}＝2：1　　K_2SO_4
(16) Na^+ : CO_3^{2-}＝2：1　　Na_2CO_3
(17) NH_4^+ : SO_4^{2-}＝2：1　　$(NH_4)_2SO_4$
(18) Fe^{3+} : Cl^-＝1：3　　$FeCl_3$
(19) Al^{3+} : OH^-＝1：3　　$Al(OH)_3$
(20) Al^{3+} : SO_4^{2-}＝2：3　　$Al_2(SO_4)_3$
(21) Ca^{2+} : PO_4^{3-}＝3：2　　$Ca_3(PO_4)_2$

2 イオンからなる次の物質の名称を書きなさい。

(1) $NaCl$　　塩化ナトリウム
(2) $NaOH$　　水酸化ナトリウム
(3) $MgCl_2$　　塩化マグネシウム
(4) MgO　　酸化マグネシウム
(5) $AgCl$　　塩化銀
(6) $BaSO_4$　　硫酸バリウム
(7) ZnS　　硫化亜鉛
(8) PbS　　硫化鉛(Ⅱ)
(9) $Mg(OH)_2$　　水酸化マグネシウム
(10) K_2SO_4　　硫酸カリウム
(11) $NaNO_3$　　硝酸ナトリウム
(12) $CaCO_3$　　炭酸カルシウム
(13) $AgNO_3$　　硝酸銀
(14) $NaHCO_3$　　炭酸水素ナトリウム
(15) $Al_2(SO_4)_3$　　硫酸アルミニウム
(16) $Ca(OH)_2$　　水酸化カルシウム
(17) NH_4Cl　　塩化アンモニウム
(18) $(NH_4)_2SO_4$　　硫酸アンモニウム
(19) $FeCl_2$　　塩化鉄(Ⅱ)
(20) $FeCl_3$　　塩化鉄(Ⅲ)

3 次の物質の組成式を書きなさい。

(1) 塩化ナトリウム　　$NaCl$
(2) 臭化銀　　$AgBr$
(3) 塩化カルシウム　　$CaCl_2$
(4) 水酸化カルシウム　　$Ca(OH)_2$
(5) 水酸化銅(Ⅱ)　　$Cu(OH)_2$
(6) 酸化マグネシウム　　MgO
(7) 塩化アンモニウム　　NH_4Cl
(8) 硫酸ナトリウム　　Na_2SO_4
(9) 硫酸バリウム　　$BaSO_4$
(10) 硫酸アルミニウム　　$Al_2(SO_4)_3$
(11) 塩化アルミニウム　　$AlCl_3$
(12) 硝酸ナトリウム　　$NaNO_3$
(13) 硝酸銀　　$AgNO_3$
(14) 炭酸ナトリウム　　Na_2CO_3
(15) 炭酸カルシウム　　$CaCO_3$
(16) 炭酸水素ナトリウム　　$NaHCO_3$
(17) 硫酸アンモニウム　　$(NH_4)_2SO_4$
(18) リン酸ナトリウム　　Na_3PO_4
(19) リン酸アンモニウム　　$(NH_4)_3PO_4$
(20) フッ化カルシウム　　CaF_2

水素イオンH^+は，水溶液中ではオキソニウムイオンH_3O^+として存在している。

イオン結晶は，融点や沸点が高いものが多い。

10 共有結合と分子(1)

☑Check!

- □ **共有結合**《きょうゆうけつごう》…原子が最外殻の電子を共有することでできる結合。
- □ **分子**《ぶんし》…いくつかの原子が共有結合で結びつき，ひとまとまりになった粒子。
- □ **分子式**《ぶんししき》…元素記号と原子数を用いて分子を表した化学式。
- □ **構造式**《こうぞうしき》…分子中の共有結合を線(価標《かひょう》という)で表した化学式。
- □ **原子価**《げんしか》…構造式で，1個の原子から出ている線(価標)の数。原子がもつ不対電子の数に等しい。
- □ **電子式**《でんししき》…元素記号のまわりに最外殻電子を点で表した化学式。
- □ **共有電子対**《きょうゆうでんしつい》…共有結合によって原子間につくられた電子対。
- □ **非共有電子対**《ひきょうゆうでんしつい》…はじめから電子対になっていて，原子間に共有されていない電子対。

1 次の非金属元素の原子について，電子式を書きなさい。

周期＼族	1	14	15	16	17	18
1	例 水素 $\mathrm{H\cdot}$					ヘリウム $\mathrm{He:}$
2		炭素 $\cdot\overset{\cdot}{\underset{\cdot}{\mathrm{C}}}\cdot$	窒素 $\cdot\overset{\cdot\cdot}{\underset{\cdot}{\mathrm{N}}}\cdot$	酸素 $\cdot\overset{\cdot\cdot}{\underset{\cdot\cdot}{\mathrm{O}}}\cdot$	フッ素 $:\overset{\cdot\cdot}{\underset{\cdot\cdot}{\mathrm{F}}}\cdot$	ネオン $:\overset{\cdot\cdot}{\underset{\cdot\cdot}{\mathrm{Ne}}}:$
3		ケイ素 $\cdot\overset{\cdot}{\underset{\cdot}{\mathrm{Si}}}\cdot$	リン $\cdot\overset{\cdot\cdot}{\underset{\cdot}{\mathrm{P}}}\cdot$	硫黄 $\cdot\overset{\cdot\cdot}{\underset{\cdot\cdot}{\mathrm{S}}}\cdot$	塩素 $:\overset{\cdot\cdot}{\underset{\cdot\cdot}{\mathrm{Cl}}}\cdot$	アルゴン $:\overset{\cdot\cdot}{\underset{\cdot\cdot}{\mathrm{Ar}}}:$

2 次の原子について，構造式中の原子を表し，原子価を答えなさい。

原子	例 水素	塩素	酸素	硫黄	窒素	炭素
構造式中の原子	$\mathrm{H-}$	$\mathrm{Cl-}$	$\mathrm{-O-}$	$\mathrm{-S-}$	$\mathrm{-\underset{\mid}{N}-}$	$\mathrm{-\overset{\mid}{\underset{\mid}{C}}-}$
原子価	**1価**	1価	2価	2価	3価	4価

構造式は原子間の結合を線で表したもので，実際の分子の形とは異なることがある。

3 次の物質の電子式，構造式，共有電子対の数，非共有電子対の数，分子の形を書きなさい。

物質名	例 水素	水	アンモニア	メタン
分子式	H_2	H_2O	NH_3	CH_4
電子式	$\mathrm{H:H}$	$\mathrm{H:\overset{\cdot\cdot}{\underset{\cdot\cdot}{O}}:H}$	$\mathrm{H:\overset{\cdot\cdot}{\underset{\substack{\cdot\cdot\\ H}}{N}}:H}$	$\mathrm{H:\overset{\substack{H\\ \cdot\cdot}}{\underset{\substack{\cdot\cdot\\ H}}{C}}:H}$
構造式	$\mathrm{H-H}$	$\mathrm{H-O-H}$	$\mathrm{H-\underset{\substack{\mid\\ H}}{N}-H}$	$\mathrm{H-\overset{\substack{H\\ \mid}}{\underset{\substack{\mid\\ H}}{C}}-H}$
共有電子対の数	1	2	3	4
非共有電子対の数	0	2	1	0
分子の形	**直線** 形	折れ線 形	三角すい 形	正四面体 形

物質名	二酸化炭素	窒素	アセチレン	塩化水素
分子式	CO_2	N_2	C_2H_2	HCl
電子式	$\mathrm{:\overset{\cdot\cdot}{O}::C::\overset{\cdot\cdot}{O}:}$	$\mathrm{:N\vdots\vdots N:}$	$\mathrm{H:C\vdots\vdots C:H}$	$\mathrm{H:\overset{\cdot\cdot}{\underset{\cdot\cdot}{Cl}}:}$
構造式	$\mathrm{O=C=O}$	$\mathrm{N\equiv N}$	$\mathrm{H-C\equiv C-H}$	$\mathrm{H-Cl}$
共有電子対の数	4	3	5	1
非共有電子対の数	4	2	0	3
分子の形	直線 形	直線 形	直線 形	直線 形

2個の原子が電子を2個，3個ずつ出し合ってできた結合を，それぞれ「二重結合」，「三重結合」という。

11 共有結合と分子(2)

☑ Check!

- □ **配位結合《はいいけつごう》**…一方の原子が非共有電子対を提供してできる共有結合。
- □ **電気陰性度《でんきいんせいど》**…共有結合している原子が共有電子対を引き寄せる強さを表した数値。
- □ **極性《きょくせい》**…電気陰性度の大きい原子に，共有電子対が引き寄せられて生じる電荷の偏《かたよ》り。
- □ **無極性分子《むきょくせいぶんし》**…結合に極性がないか，極性があっても全体としては偏りのない分子。
- □ **極性分子《きょくせいぶんし》**…結合に極性があり，分子全体として電荷の偏りをもつ分子。
- □ **分子間力《ぶんしかんりょく》**…分子間にはたらく弱い引力。水素結合は分子間力の一種。

1 次の分子やイオンの電子式を書きなさい。

	(1) アンモニア	(2) アンモニウムイオン	(3) 水	(4) オキソニウムイオン
化学式	NH_3	NH_4^+	H_2O	H_3O^+
電子式	‥ H:N:H ‥ H	[H ‥ H:N:H ‥ H]$^+$	‥ H:O:H ‥	[‥ H:O:H ‥ H]$^+$

2 次の分子の分子式を書きなさい。

(1) 水素 H_2

(2) 水 H_2O

(3) アンモニア NH_3

(4) メタン CH_4

(5) 二酸化炭素 CO_2

(6) 窒素 N_2

(7) 酸素 O_2

(8) 塩化水素 HCl

(9) アルゴン Ar

(10) エチレン C_2H_4

3 次の分子について，分子の構造を示す分子モデルとして適切なものを下の(ア)~(ク)から選び，記号で答えなさい。また，この分子は極性分子か，無極性分子か，適切な方に○をつけなさい。

	分子モデル	結合の極性
例 水素	(ア)	極性分子 ・ **無極性分子**
(1) 水	(ウ)	**極性分子** ・ 無極性分子
(2) 二酸化炭素	(オ)	極性分子 ・ **無極性分子**
(3) アンモニア	(カ)	**極性分子** ・ 無極性分子
(4) 塩化水素	(イ)	**極性分子** ・ 無極性分子
(5) メタン	(キ)	極性分子 ・ **無極性分子**
(6) メタノール	(ク)	**極性分子** ・ 無極性分子
(7) エチレン	(エ)	極性分子 ・ **無極性分子**

(ア)

(イ)
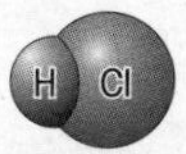

(ウ)

(エ)
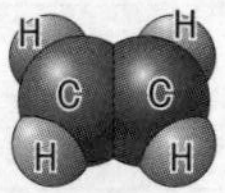

(オ)

(カ)
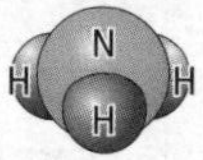

(キ)
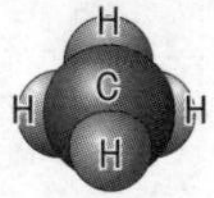

(ク)
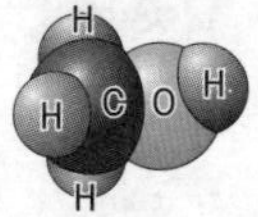

4 次の分子からなる物質について，その利用例として適切なものを下から選び，記号で答えなさい。

(1) 水素 (エ)

(2) メタノール (イ)

(3) 二酸化炭素 (ア)

(4) ポリエチレン (オ)

(5) ポリエチレンテレフタラート (ウ)

<利用例>

(ア) 固体はドライアイスとよばれ，保冷剤として使われる。
(イ) アルコールランプの燃料として使われる。
(ウ) ペットボトルや衣料品として使われる。
(エ) 水素-酸素燃料電池の材料やアンモニア合成の原料などに使われる。
(オ) ゴミ収集袋などのポリ袋に使われる。

 ☑ 水素結合とは，O−H，F−H，N−Hを含む分子間でH原子をなかだちとしてはたらく分子間力である。

☑ 電気陰性度の値は，周期表の右上にある元素(貴ガスを除く)ほど大きく，フッ素が最大である。

12 金属と分子結晶／物質の利用

☑ Check!

- □ **金属結合《きんぞくけつごう》**…すべての金属元素の原子に自由電子が共有されてできる結合。
- □ **展性《てんせい》**…金属をうすく箔《はく》状に広げることができる性質。
- □ **延性《えんせい》**…金属を長く線状に延ばすことができる性質。
- □ **分子結晶《ぶんしけっしょう》**…分子が規則正しく配列してできた結晶。
- □ **共有結合《きょうゆうけつごう》の結晶《けっしょう》**…非金属元素の原子が，次々と共有結合して巨大化した結晶。
- □ **高分子化合物《こうぶんしかごうぶつ》**…小さな分子がくり返し共有結合してできた巨大な分子。分子量が非常に大きい。
- □ **リサイクル**…紙・ガラス・金属・プラスチックなどの不用品を資源として再利用すること。

1 次の金属の組成式を書きなさい。

(1) ナトリウム　Na
(2) 鉄　Fe
(3) 亜鉛　Zn
(4) 銀　Ag
(5) マグネシウム　Mg
(6) 金　Au
(7) 水銀　Hg
(8) 鉛　Pb
(9) 白金　Pt
(10) クロム　Cr

2 次の組成式で表された金属の名称を書きなさい。

(1) Li　リチウム
(2) K　カリウム
(3) Ca　カルシウム
(4) Al　アルミニウム
(5) Cu　銅
(6) Ba　バリウム
(7) Mn　マンガン
(8) Ni　ニッケル
(9) Sn　スズ
(10) Co　コバルト

3 次の金属の性質について，正しい記述には○を，誤っている記述には×をつけなさい。

(1) 金箔やアルミ箔は，「展性」という性質を利用したものである。　○
(2) ほとんどの金属は，「延性」という性質により，可視光線を反射する。　×
(3) 金属が電気を導きやすいのは，「自由電子」が金属内を移動するためである。　○
(4) 金属の融点は非常に高く，常温で液体であるものはない。　×

解説　(1)正しい。「展性」とは，金属をうすく箔状に広げることができる性質である。(2)誤り。「金属光沢」をもつので，金属は可視光線を反射する。(3)正しい。金属を流れる電流の正体は自由電子の移動である。(4)誤り。水銀は常温で液体である。

4 次の表の空欄に適するものを下の語群から選び，表を完成させなさい。

		イオン結晶	金属結晶	分子結晶	共有結合の結晶
(1) 物質の例		塩化ナトリウム 塩化カルシウム	鉄 銅	ドライアイス 氷	ダイヤモンド 二酸化ケイ素
(2) 構成粒子		陽イオンと 陰イオン	金属元素の原子	分子	非金属元素 の原子
(3) 粒子を結びつける力		イオン結合	金属結合	分子間力	共有結合
(4) 化学式の種類		組成式	組成式	分子式	組成式
(5) 融点		高い	物質によって さまざま	低い	非常に高い
(6) 電気伝導性	固体	なし	あり	なし	なし*
	液体や水溶液	あり			

*(例外：黒鉛)

<語群>
(1) 鉄，ダイヤモンド，ドライアイス，塩化ナトリウム，氷，銅，二酸化ケイ素，塩化カルシウム
(2) 金属元素の原子，非金属元素の原子，分子，陽イオンと陰イオン
(3) イオン結合，共有結合，分子間力，金属結合
(4) 組成式，分子式
(5) 非常に高い，高い，物質によってさまざま※1，低い
(6) なし，あり

※1：3000℃を超えるものがある一方で，0℃以下のものもある。

5 次の身のまわりのものについて，関連する物質を下の物質群から選んで書きなさい。

(1) 台所用品や工具として用いられるステンレス鋼の主成分。　Fe
(2) ブラスバンドの楽器に使われている黄銅(しんちゅう)とよばれる合金。　Cu と Zn
(3) 水道管などのパイプに使われるプラスチック。　ポリ塩化ビニル
(4) ストッキングなどの繊維。　ナイロン 66

<物質群>
Cu と Zn，ポリ塩化ビニル，Fe，ナイロン 66

基本用語の確認

【1　物質の構成】

□ 純物質　酸素や水のように，1 種類の物質だけからなるもの。

□ 混合物　空気や海水のように，2 種類以上の物質が混じり合ったもの。

□ ろ過　液体とその液体に溶けない固体を，ろ紙などを用いて分離する操作。

□ 再結晶　不純物が混じった固体を熱水などに溶かし，冷却して純粋な結晶を得る操作。

□ 蒸留　2 種類以上の物質を含む液体を加熱して沸騰させ，生じた蒸気を冷却し，再び液体にして分離する操作。

□ 抽出　混合物の中から目的の物質を溶媒に溶かし出して分離する操作。

□ 昇華(法)　固体が液体にならずに直接気体になる変化を利用して物質を分離する操作。

□ クロマトグラフィー　ろ紙などに吸着する強さの違いを利用して混合物を分離する操作。

□ 単体　水素や酸素のように，それ以上別の純物質に分解することができないもの。

□ 化合物　水のように，2 種類以上の純物質に分解できるもの。

□ 元素　単体や化合物を構成する基本的な成分。

□ 同素体　同じ元素の単体で，性質の異なる物質どうしの関係。

□ 沈殿　塩化銀のように，化学反応などにより溶液の中に溶けずに生じる固体。

□ 炎色反応　Na や K などの元素を含む化合物を炎の中に入れたとき，元素特有の色を示す反応。

□ 状態変化　物質の三態(固体・液体・気体)の間で起こる変化。
融解(固→液)，凝固(液→固)，蒸発(液→気)，凝縮(気→液)，昇華(固→気)

□ 物理変化　状態変化のように，物質そのものは変わらない変化。

□ 化学変化　ある物質が別の物質になる変化。

□ 熱運動　物質を構成している粒子の不規則な運動。

□ 融点　一定圧力のもとで固体が融解する温度。

□ 沸騰　液体内部からも蒸発が起こる現象。

□ 沸点　一定圧力のもとで沸騰して気体になる温度。

□ 原子　物質を構成する小さな粒子。

□ 原子説　19世紀のはじめにドルトンが提唱した，すべての物質は原子からなるという説。

□ 電荷　粒子がもつ電気の量。

□ 電子　原子の中にある負の電荷をもつ粒子。

□ 陽子　原子の中にある正の電荷をもつ粒子。

□ 中性子　原子の中にある電荷をもたない粒子。

□ 原子核　原子の中心にある正の電荷をもつ粒子。陽子と中性子からなる。

□ 原子番号　原子の番号のことで，原子核に含まれる陽子の数。

□ 質量数　原子の質量を表し，陽子の数と中性子の数の和。

□ 同位体　同じ元素の原子で，中性子の数が異なるために，質量数が異なる原子どうしの関係。

□ 電子殻　原子核のまわりをまわっている電子の道すじ。K 殻，L 殻，M 殻などがある。

□ 電子配置　電子殻への電子の入り方(内側の電子殻から順に詰まっていく)。

□ 最外殻電子　最も外側の電子殻にある電子。

□ 価電子　最外殻電子のうち，結合や反応に関係する電子。

□ 周期表　元素を原子番号順に並べ，性質の似た元素が同じ縦の列に並ぶように配列した表。

□ 典型元素　周期表の 1，2 族，および 13 族から 18 族までの元素。

□ 遷移元素　周期表の 3～12 族までの元素。

【2　物質と化学結合】

□ 電離　水溶液中で，陽イオンと陰イオンに分かれること。

□ 電解質　水に溶かしたとき，電離するもの。

□ 非電解質　水に溶かしたとき，電離しないもの。

□ イオン　電荷をもつ粒子。

□ 陽イオン　イオンのうちで，正の電荷をもつもの。

□ 陰イオン　イオンのうちで，負の電荷をもつもの。

□ 単原子イオン　1 個の原子からできているイオン。

□ 多原子イオン　2 個以上の原子からできているイオン。

□ イオン結合　陽イオンと陰イオンが電気的な引力で結びついた結合。

□ イオン結晶　イオン結合でできた結晶。

□ 組成式　成分元素のイオンの数を最も簡単な整数比で表した化学式。

□ 共有結合　原子が最外殻の電子を共有することでできる結合。

□ 分子　いくつかの原子が共有結合で結びつき，ひとまとまりになった粒子。

□ 単結合　2 個の原子が 1 個ずつ電子を出し合った共有結合。

□ 構造式　分子中の共有結合を線(価標)で表した化学式。

□ 電子対　最外殻電子がつくる 2 個ずつの電子の対。

□ 不対電子　対をつくっていない最外殻電子。

□ 共有電子対　共有結合によって原子間につくられた電子対。

□ 非共有電子対　はじめから電子対になっていて，原子間に共有されていない電子対。

□ 原子価　構造式で，1 個の原子から出ている価標の数。

□ 配位結合　一方の原子が非共有電子対を提供してできる共有結合。

□ 電気陰性度　結合している原子が共有電子対を引き寄せる強さを表した数値。F が最大。

□ 極性　電気陰性度の大きい原子に，共有電子対が引き寄せられて生じる電荷の偏《かたよ》り。

□ 無極性分子　結合に極性がないか，極性があっても全体としては電荷の偏りのない分子。

□ 極性分子　結合に極性があり，分子全体として電荷の偏りをもつ分子。

□ 分子間力　分子間にはたらく弱い引力。水素結合やファンデルワールス力など。

□ 自由電子　金属全体を自由に移動できる電子。

□ 金属結合　すべての金属元素の原子に自由電子が共有されてできる結合。

□ 金属結晶　金属結合により形成された結晶。

□ 展性　金属をうすく箔《はく》状に広げることができる性質。

□ 延性　金属を長く線状に延ばすことができる性質。

□ 金属光沢　金属の表面が光を反射すること。

□ 分子結晶　分子が規則正しく配列してできた結晶。

□ 共有結合の結晶　非金属元素の原子が分子をつくらず，次々と共有結合して巨大化した結晶。

□ 合金　2 種類以上の金属等を溶かし合わせてできる金属。

□ 高分子化合物　多くの原子が共有結合で結びつき，巨大な分子となった化合物。ポリマー。

□ モノマー　高分子化合物の原料になる小さな分子。単量体。

□ 重合　多数のモノマーがつながり，ポリマーが生成する反応。

□ 付加重合　二重結合が開いて共有結合ができ，多数の分子がつながる重合反応。

□ 縮合重合　2 つの分子の間から簡単な分子がとれて分子間に共有結合ができ，多数の分子がつながる重合反応。

□ リサイクル　紙・ガラス・金属・プラスチックなどでできた不用品を資源として再利用すること。

周期表ドリル

1 次の表の空欄をうめ、周期表を完成させなさい。

族\周期	1	2	3	4	5	6	7	8	9	10	11	12	13	14	15	16	17	18
1	H																	He
2	Li	Be											B	C	N	O	F	Ne
3	Na	Mg											Al	Si	P	S	Cl	Ar
4	K	Ca	Sc	Ti	V	Cr	Mn	Fe	Co	Ni	Cu	Zn	Ga	Ge	As	Se	Br	Kr
5	Rb	Sr	Y	Zr	Nb	Mo	Tc	Ru	Rh	Pd	Ag	Cd	In	Sn	Sb	Te	I	Xe
6	Cs	Ba	La-Lu	Hf	Ta	W	Re	Os	Ir	Pt	Au	Hg	Tl	Pb	Bi	Po	At	Rn
7	Fr	Ra	Ac-Lr	Rf	Db	Sg	Bh	Hs	Mt	Ds	Rg	Cn	Nh	Fl	Mc	Lv	Ts	Og

2 次の表の空欄をうめ、周期表を完成させなさい。

族\周期	1	2	3	4	5	6	7	8	9	10	11	12	13	14	15	16	17	18
1	H 水素																	He ヘリウム
2	Li リチウム	Be ベリリウム											B ホウ素	C 炭素	N 窒素	O 酸素	F フッ素	Ne ネオン
3	Na ナトリウム	Mg マグネシウム											Al アルミニウム	Si ケイ素	P リン	S 硫黄	Cl 塩素	Ar アルゴン
4	K カリウム	Ca カルシウム	Sc スカンジウム	Ti チタン	V バナジウム	Cr クロム	Mn マンガン	Fe 鉄	Co コバルト	Ni ニッケル	Cu 銅	Zn 亜鉛	Ga ガリウム	Ge ゲルマニウム	As ヒ素	Se セレン	Br 臭素	Kr クリプトン
5	Rb ルビジウム	Sr ストロンチウム	Y イットリウム	Zr ジルコニウム	Nb ニオブ	Mo モリブデン	Tc テクネチウム	Ru ルテニウム	Rh ロジウム	Pd パラジウム	Ag 銀	Cd カドミウム	In インジウム	Sn スズ	Sb アンチモン	Te テルル	I ヨウ素	Xe キセノン
6	Cs セシウム	Ba バリウム	La-Lu ランタノイド	Hf ハフニウム	Ta タンタル	W タングステン	Re レニウム	Os オスミウム	Ir イリジウム	Pt 白金	Au 金	Hg 水銀	Tl タリウム	Pb 鉛	Bi ビスマス	Po ポロニウム	At アスタチン	Rn ラドン
7	Fr フランシウム	Ra ラジウム	Ac-Lr アクチノイド	Rf ラザホージウム	Db ドブニウム	Sg シーボーギウム	Bh ボーリウム	Hs ハッシウム	Mt マイトネリウム	Ds ダームスタチウム	Rg レントゲニウム	Cn コペルニシウム	Nh ニホニウム	Fl フレロビウム	Mc モスコビウム	Lv リバモリウム	Ts テネシン	Og オガネソン